메가스터디 **중학수학**

1일 1개념 드릴북

3·2

이 책의 활용법

"반복하여 연습하면 자신감이 생깁니다!"

중3-2 필수 개념 32개 각각에 대하여 "1일 1개념"의 2쪽을 공부한 후, "1일 1개념 드릴북"의 2쪽으로 반복 연습합니다.

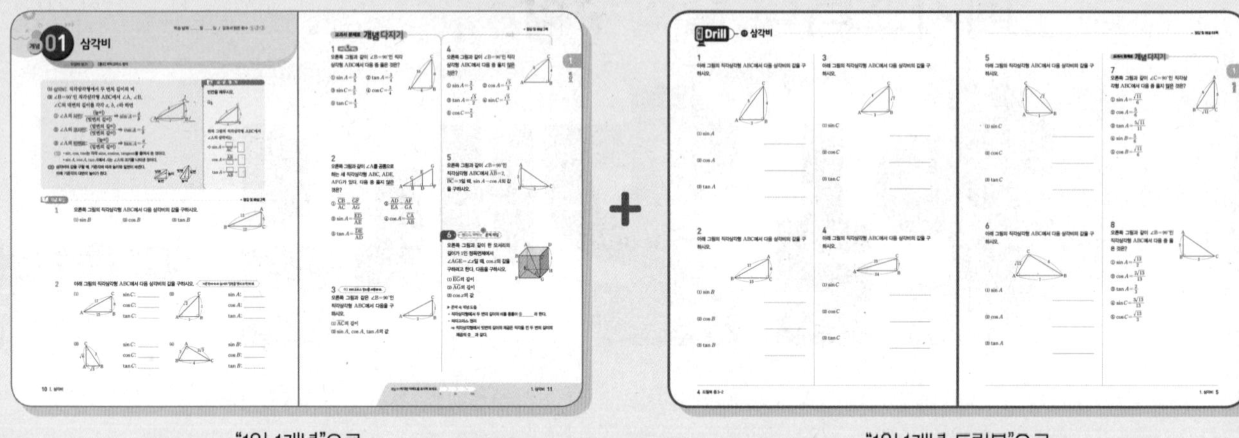

"1일 1개념"으로
1개념 2쪽 **학습**

"1일 1개념 드릴북"으로
1개념 2쪽 **반복 학습**

개념을 더욱 완벽하게!

이런 학생에게 "드릴북"을 추천합니다!

✔ "1일 1개념" 공부를 마친 후, **계산력과 개념 이해력을 더욱 강화**하고 싶다!

✔ "1일 1개념" 공부를 마친 후, 추가 공부할 **나만의 숙제가 필요**하다!

이 책의 차례

스스로 체크하는 학습 달성도

아래의 01, 02, 03, …은 공부한 개념의 번호입니다.
개념에 대한 공부를 마칠 때마다 해당하는 개념의 번호를 색칠하면서 전체 공부할 분량 중 어느 정도를 공부했는지를 스스로 확인해 보세요.

1 삼각비

11 12

2 원과 직선

3 원주각

4 통계

27 28 29 30 31 32

01 삼각비

1

아래 그림의 직각삼각형 ABC에서 다음 삼각비의 값을 구하시오.

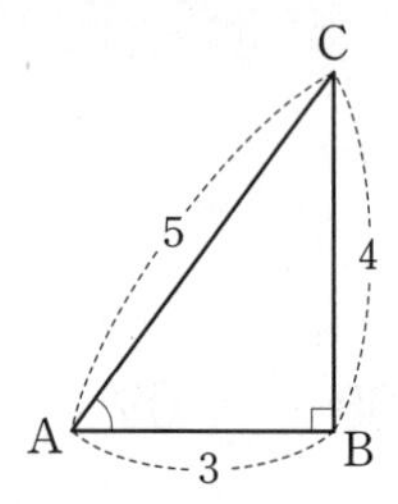

(1) $\sin A$

(2) $\cos A$

(3) $\tan A$

2

아래 그림의 직각삼각형 ABC에서 다음 삼각비의 값을 구하시오.

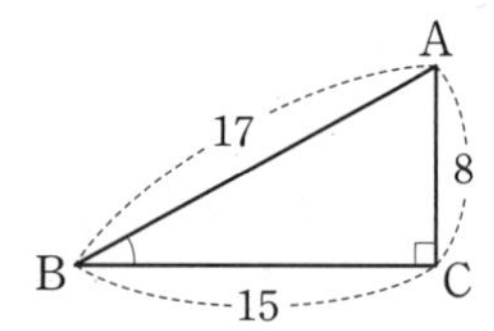

(1) $\sin B$

(2) $\cos B$

(3) $\tan B$

3

아래 그림의 직각삼각형 ABC에서 다음 삼각비의 값을 구하시오.

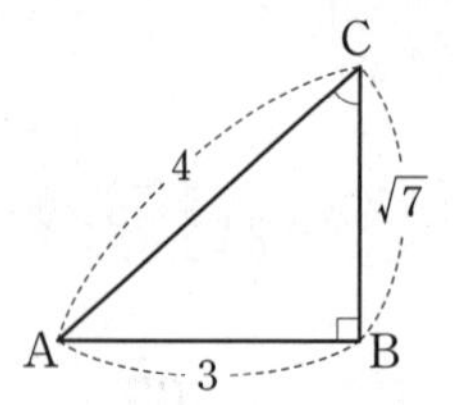

(1) $\sin C$

(2) $\cos C$

(3) $\tan C$

4

아래 그림의 직각삼각형 ABC에서 다음 삼각비의 값을 구하시오.

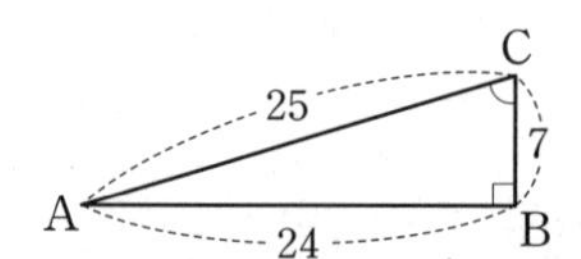

(1) $\sin C$

(2) $\cos C$

(3) $\tan C$

5

아래 그림의 직각삼각형 ABC에서 다음 삼각비의 값을 구하시오.

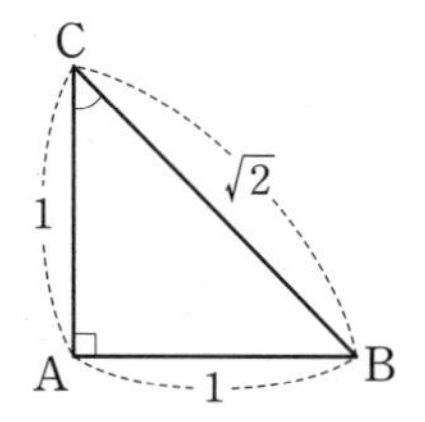

(1) $\sin C$

(2) $\cos C$

(3) $\tan C$

6

아래 그림의 직각삼각형 ABC에서 다음 삼각비의 값을 구하시오.

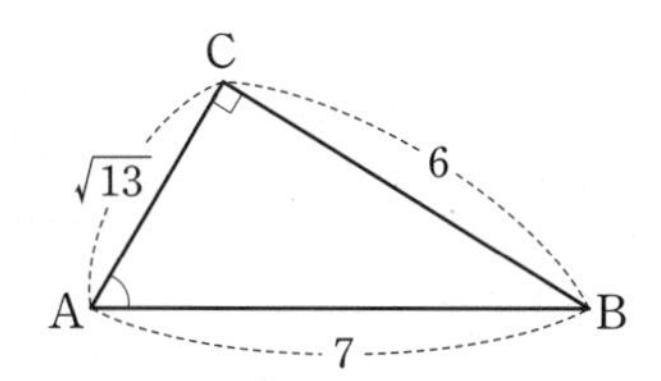

(1) $\sin A$

(2) $\cos A$

(3) $\tan A$

교과서 문제로 개념 다지기

7

오른쪽 그림과 같이 $\angle C=90°$인 직각삼각형 ABC에서 다음 중 옳지 않은 것은?

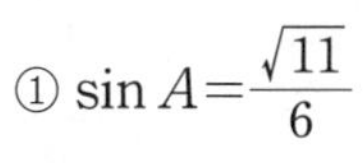

① $\sin A=\frac{\sqrt{11}}{6}$

② $\cos A=\frac{5}{6}$

③ $\tan A=\frac{5\sqrt{11}}{11}$

④ $\sin B=\frac{5}{6}$

⑤ $\cos B=\frac{\sqrt{11}}{6}$

8

오른쪽 그림과 같이 $\angle B=90°$인 직각삼각형 ABC에서 다음 중 옳은 것은?

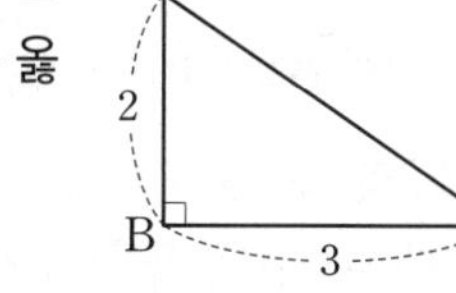

① $\sin A=\frac{\sqrt{13}}{2}$

② $\cos A=\frac{2\sqrt{13}}{13}$

③ $\tan A=\frac{2}{3}$

④ $\sin C=\frac{3\sqrt{13}}{13}$

⑤ $\cos C=\frac{\sqrt{13}}{3}$

개념 Drill 02 삼각비를 이용하여 변의 길이, 삼각비의 값 구하기

1

다음은 오른쪽 그림의 직각삼각형 ABC에서 $\overline{AB}=4$, $\tan C=\frac{2}{3}$일 때, $\overline{BC}$의 길이를 구하는 과정이다. □ 안에 알맞은 수를 쓰시오.

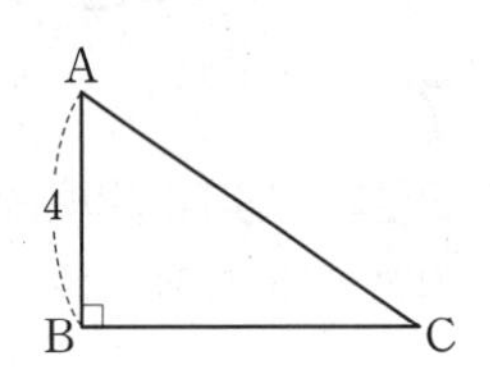

> $\tan C=\frac{\square}{\overline{BC}}=\frac{2}{3}$이므로
> $\overline{BC}=\square$

2

다음은 오른쪽 그림의 직각삼각형 ABC에서 $\overline{AB}=6$, $\sin B=\frac{\sqrt{5}}{3}$일 때, $\overline{BC}$의 길이를 구하는 과정이다. □ 안에 알맞은 수를 쓰시오.

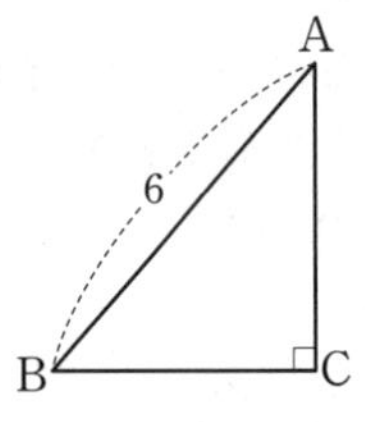

> $\sin B=\frac{\overline{AC}}{\square}=\frac{\sqrt{5}}{3}$이므로 $\overline{AC}=\square$
> $\therefore \overline{BC}=\sqrt{6^2-\overline{AC}^2}=\sqrt{6^2-(\square)^2}=\square$

3

오른쪽 그림과 같은 직각삼각형 ABC에서 $\overline{AB}=8$, $\cos A=\frac{4}{5}$일 때, $\overline{BC}$의 길이를 구하시오.

____

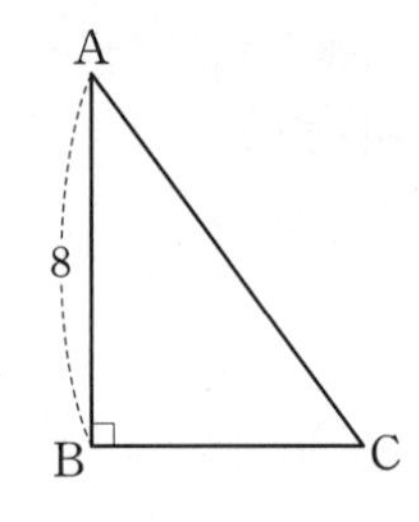

4

다음은 $\angle B=90°$인 직각삼각형 ABC에서 $\sin A=\frac{3}{5}$일 때, $\cos A$, $\tan A$의 값을 각각 구하는 과정이다. □ 안에 알맞은 수를 쓰시오.

> $\sin A=\frac{3}{5}$에서 오른쪽 그림과 같이 $\overline{AC}=5$, $\overline{BC}=3$인 직각삼각형 ABC를 생각할 수 있으므로
> $\overline{AB}=\sqrt{5^2-3^2}=\square$
> $\therefore \cos A=\frac{\square}{5}$, $\tan A=\frac{3}{\square}$

5

다음은 $\angle C=90°$인 직각삼각형 ABC에서 $\tan B=\frac{\sqrt{2}}{2}$일 때, $\sin B$, $\cos B$의 값을 각각 구하는 과정이다. □ 안에 알맞은 수를 쓰시오.

$\tan B=\frac{\sqrt{2}}{2}$에서 오른쪽 그림과 같이 $\overline{BC}=2$, $\overline{AC}=\sqrt{2}$인 직각삼각형 ABC를 생각할 수 있으므로

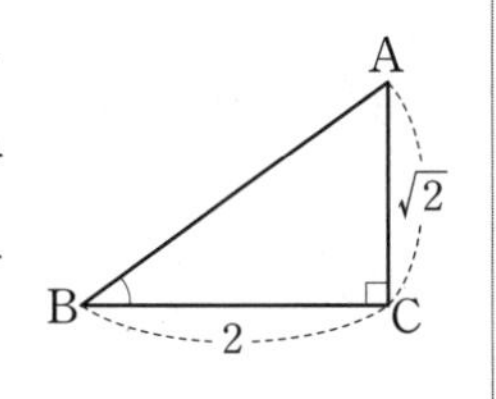

$\overline{AB}=\sqrt{2^2+(\sqrt{2})^2}=\square$

$\therefore \sin B=\frac{\square}{3}$, $\cos B=\frac{\square}{3}$

6

$\angle B=90°$인 직각삼각형 ABC에서 $\cos C=\frac{\sqrt{3}}{3}$일 때, $\sin C$, $\tan C$의 값을 각각 구하시오.

교과서 문제로 **개념 다지기**

7

다음 그림과 같은 직각삼각형 ABC에서 $\overline{AB}=13$, $\cos A=\frac{5}{13}$일 때, $\overline{AC}$, $\overline{BC}$의 길이를 각각 구하시오.

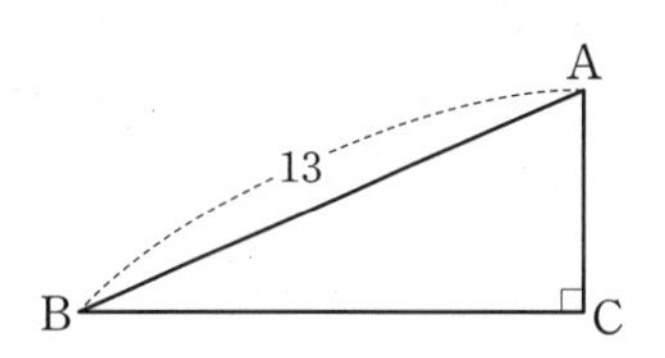

8

$\angle B=90°$인 직각삼각형 ABC에서 $\tan A=\frac{1}{3}$일 때, $\sin A\times\cos A$의 값을 구하시오.

1 삼각비

1

아래 그림의 직각삼각형 ABC에 대하여 다음 □ 안에 알맞은 것을 쓰시오.

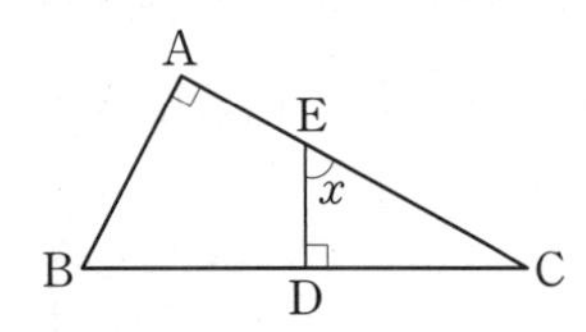

(1) $\sin x=\frac{\overline{CD}}{\square}=\frac{\square}{\overline{BC}}$

(2) $\cos x=\frac{\overline{DE}}{\square}=\frac{\square}{\overline{BC}}$

(3) $\tan x=\frac{\square}{\overline{DE}}=\frac{\square}{\overline{AB}}$

2

아래 그림의 직각삼각형 ABC에서 $\overline{AD}\perp\overline{BC}$이고 $\angle BAD=x$일 때, 다음을 구하시오.

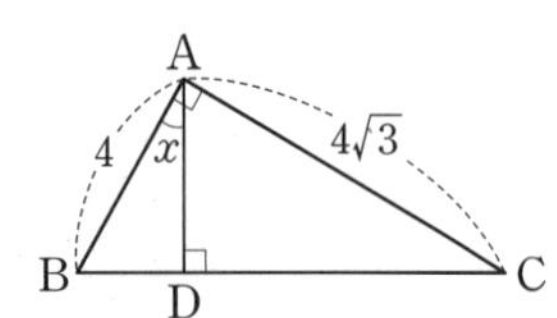

(1) $\overline{BC}$의 길이

(2) $\triangle ABC$에서 $\angle BAD$와 크기가 같은 각

(3) $\sin x$의 값

(4) $\cos x$의 값

(5) $\tan x$의 값

3

아래 그림의 직각삼각형 ABC에서 $\overline{AB}\perp\overline{DE}$이고 $\angle AED=x$일 때, 다음을 구하시오.

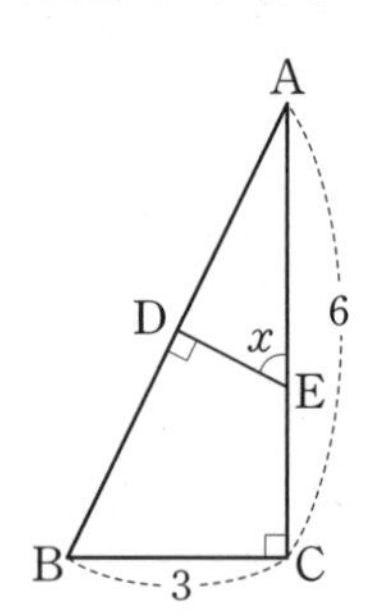

(1) $\overline{AB}$의 길이

(2) $\triangle ABC$에서 $\angle AED$와 크기가 같은 각

(3) $\sin x$의 값

(4) $\cos x$의 값

(5) $\tan x$의 값

4

아래 그림의 직각삼각형 ABC에서 $\overline{AB}\perp\overline{CD}$이고 $\angle BAC=x$일 때, 다음을 구하시오.

(1) $\overline{BC}$의 길이

(2) $\triangle BCD$에서 $\angle BAC$와 크기가 같은 각

(3) $\sin x$의 값

(4) $\cos x$의 값

(5) $\tan x$의 값

교과서 문제로 개념 다지기

5

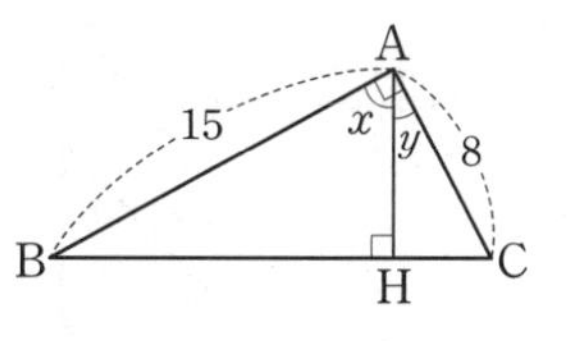

오른쪽 그림과 같이 $\angle BAC=90°$인 직각삼각형 ABC에서 $\overline{AH}\perp\overline{BC}$이고 $\angle BAH=x$, $\angle HAC=y$일 때, $\sin x+\cos y$의 값을 구하시오.

6

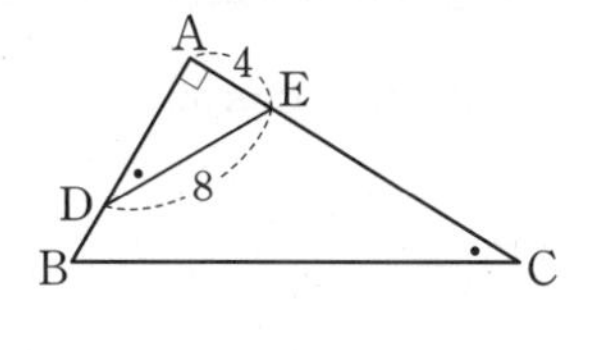

오른쪽 그림의 직각삼각형 ABC에서 $\angle ADE=\angle ACB$이고 $\overline{AE}=4$, $\overline{DE}=8$일 때, $\sin B+\sin C$의 값은?

① $\frac{1}{2}$　② $\frac{1+\sqrt{3}}{2}$　③ $\sqrt{3}$

④ $\frac{1+2\sqrt{3}}{2}$　⑤ $\frac{3\sqrt{3}}{2}$

개념 Drill 04 30°, 45°, 60°의 삼각비의 값

1
다음 그림을 이용하여 표를 완성하시오.

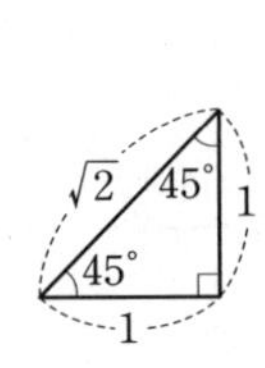

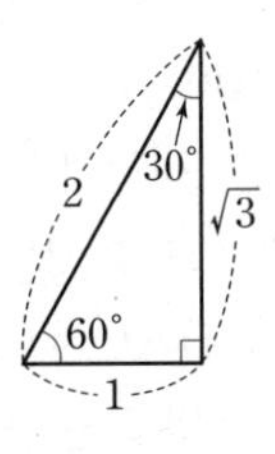

삼각비 \ A	30°	45°	60°
$\sin A$			
$\cos A$			
$\tan A$			

2
다음을 계산하시오.

(1) $\sin 30° + \cos 30°$

(2) $\sin 45° - \cos 45°$

(3) $\cos 60° + \tan 45°$

(4) $\tan 45° - \sin 30°$

3
다음을 계산하시오.

(1) $\sin 45° \times \cos 45°$

(2) $\cos 60° \div \tan 30°$

(3) $\tan 45° \times \cos 30°$

(4) $\sin 60° \times \tan 60°$

4
다음을 계산하시오.

(1) $\cos 30° + \tan 45° - \sin 60°$

(2) $\cos 45° + \tan 60° - \sin 45°$

5

$0^\circ < \angle A < 90^\circ$일 때, 다음을 만족시키는 $\angle A$의 크기를 구하시오.

(1) $\sin A = \frac{\sqrt{3}}{2}$

(2) $\sin A = \frac{1}{2}$

(3) $\cos A = \frac{\sqrt{2}}{2}$

(4) $\cos A = \frac{\sqrt{3}}{2}$

(5) $\tan A = \frac{\sqrt{3}}{3}$

(6) $\tan A = 1$

교과서 문제로 **개념 다지기**

6

다음 중 옳지 않은 것은?

① $\cos 30^\circ \times \tan 30^\circ = \frac{1}{2}$

② $\sin 60^\circ + \cos 30^\circ = 1$

③ $\tan 45^\circ \times \cos 60^\circ = \frac{1}{2}$

④ $\sin 45^\circ \div \cos 45^\circ = 1$

⑤ $\tan 60^\circ \div \sin 30^\circ = 2\sqrt{3}$

7

$\sin(2x - 30^\circ) = \frac{1}{2}$일 때, $\sin x + \cos x$의 값은?

(단, $15^\circ < x < 60^\circ$)

① $\frac{1+\sqrt{3}}{2}$　② $\sqrt{2}$　③ $\sqrt{3}$

④ 2　⑤ $2\sqrt{2}$

개념 Drill ⑤ 예각에 대한 삼각비의 값

1

다음 그림과 같이 반지름의 길이가 1인 사분원을 이용하여 예각 x에 대한 삼각비를 하나의 선분으로 나타내시오.

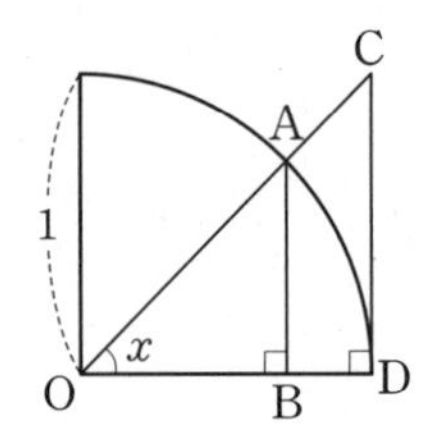

(1) $\sin x$

______

(2) $\cos x$

______

(3) $\tan x$

______

2

다음 그림은 반지름의 길이가 1인 사분원을 좌표평면 위에 나타낸 것이다. 48°에 대한 삼각비의 값을 구하려고 할 때, □ 안에 알맞은 것을 쓰시오.

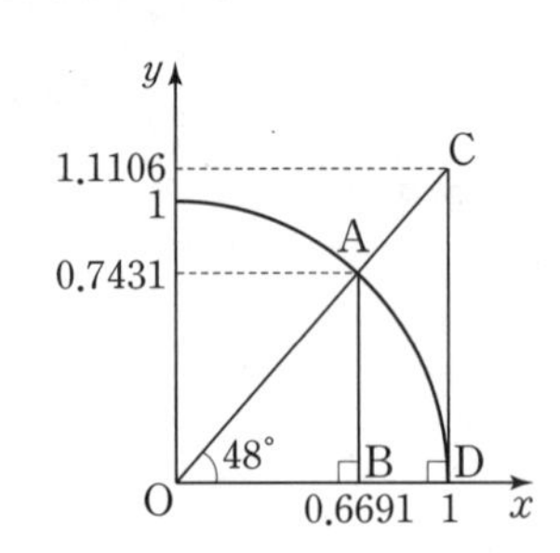

(1) $\sin 48^\circ = \dfrac{\square}{\overline{OA}} = \overline{AB} = \square$

(2) $\cos 48^\circ = \dfrac{\square}{\overline{OA}} = \overline{OB} = \square$

(3) $\tan 48^\circ = \dfrac{\overline{CD}}{\square} = \square = 1.1106$

3

다음 그림은 반지름의 길이가 1인 사분원을 좌표평면 위에 나타낸 것이다. 55°에 대한 삼각비의 값을 구하려고 할 때, □ 안에 알맞은 것을 쓰시오.

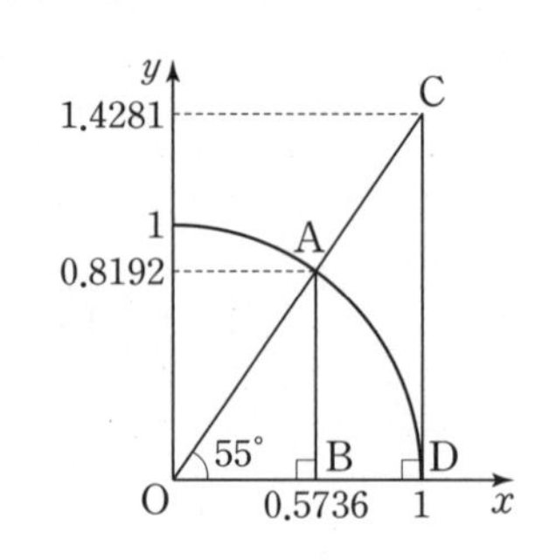

(1) $\sin 55^\circ = \dfrac{\square}{\overline{OA}} = \overline{AB} = \square$

(2) $\cos 55^\circ = \dfrac{\square}{\overline{OA}} = \overline{OB} = \square$

(3) $\tan 55^\circ = \dfrac{\overline{CD}}{\square} = \square = 1.4281$

4

다음 그림은 반지름의 길이가 1인 사분원을 좌표평면 위에 나타낸 것이다. 53°에 대한 삼각비의 값을 구하려고 할 때, □ 안에 알맞은 것을 쓰시오.

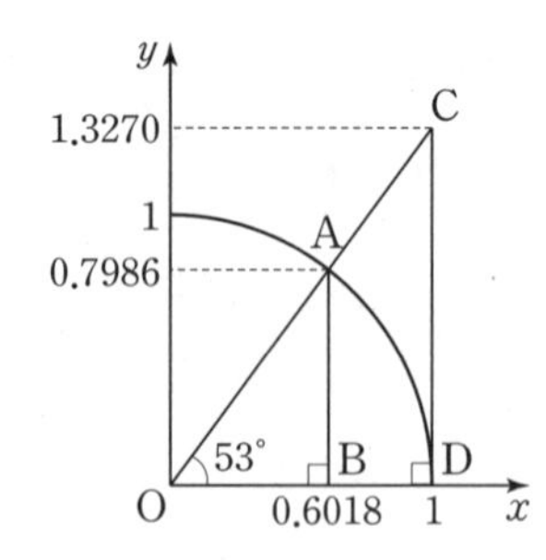

(1) $\sin 53^\circ = \dfrac{\square}{\overline{OA}} = \overline{AB} = \square$

(2) $\cos 53^\circ = \dfrac{\square}{\overline{OA}} = \overline{OB} = \square$

(3) $\tan 53^\circ = \dfrac{\overline{CD}}{\square} = \overline{CD} = \square$

5

다음 그림과 같이 반지름의 길이가 1인 사분원을 이용하여 예각 x, y에 대한 삼각비의 값을 구하려고 한다. □ 안에 알맞은 것을 쓰시오.

(1) $\sin x=\dfrac{\square}{\overline{\mathrm{OA}}}=\dfrac{\overline{\mathrm{OB}}}{\square}=\square$

(2) $\cos x=\dfrac{\square}{\overline{\mathrm{OA}}}=\dfrac{\overline{\mathrm{AB}}}{\square}=\square$

(3) $\sin y=\square=\overline{\mathrm{OB}}$

(4) $\cos y=\square=\overline{\mathrm{AB}}$

교과서 문제로 **개념 다지기**

6

오른쪽 그림은 반지름의 길이가 1인 사분원을 좌표평면 위에 나타낸 것이다.
$\tan 37^\circ-\sin 37^\circ$의 값은?

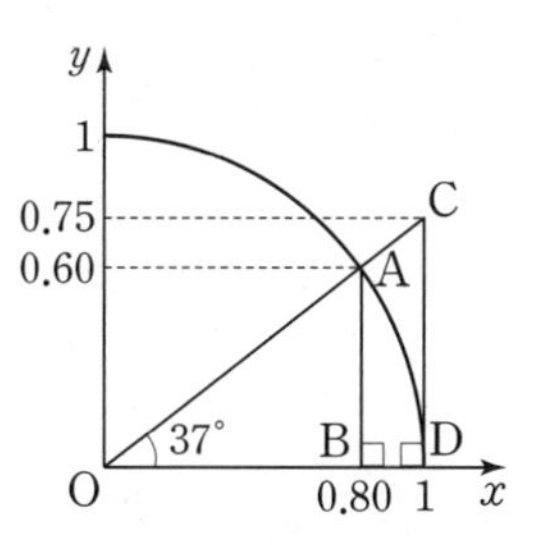

① 0.05 ② 0.1
③ 0.15 ④ 0.2
⑤ 0.25

7

오른쪽 그림은 반지름의 길이가 1인 사분원을 좌표평면 위에 나타낸 것이다.
$\sin 40^\circ+\sin 50^\circ$의 값을 구하시오.

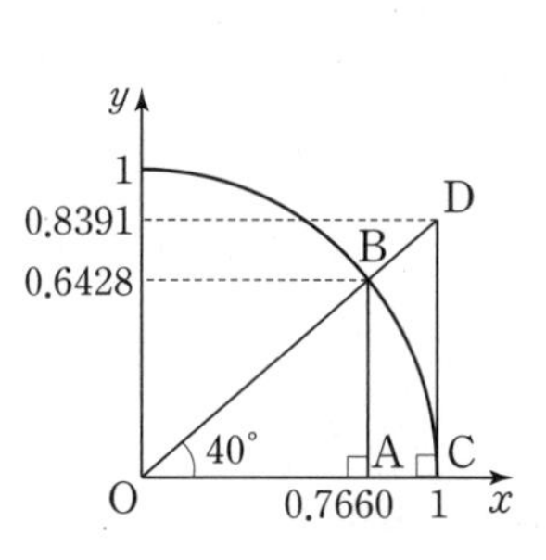

06 0°, 90°의 삼각비의 값 / 삼각비의 값의 대소 관계

1

다음 삼각비의 값을 구하시오.

(1) $\sin 0^\circ$

(2) $\sin 90^\circ$

(3) $\cos 0^\circ$

(4) $\cos 90^\circ$

(5) $\tan 0^\circ$

(6) $\tan 90^\circ$

2

다음을 계산하시오.

(1) $\sin 90^\circ+\cos 90^\circ$

(2) $\tan 0^\circ-\sin 0^\circ$

(3) $\sin 0^\circ+\cos 90^\circ+\tan 0^\circ$

(4) $(\sin 0^\circ+\sin 90^\circ)(\cos 0^\circ-\cos 90^\circ)$

(5) $(1+\cos 90^\circ)\times\sin 90^\circ-\sin 0^\circ$

(6) $\sin 90^\circ\times\cos 0^\circ-\cos 90^\circ\times\tan 0^\circ$

3

다음 ○ 안에 >, =, < 중 알맞은 것을 쓰시오.

(1) $\cos 60^\circ$ ○ $\sin 60^\circ$

(2) $\tan 45^\circ$ ○ $\sin 30^\circ$

(3) $\sin 45^\circ$ ○ $\cos 45^\circ$

(4) $\cos 30^\circ$ ○ $\cos 90^\circ$

(5) $\tan 60^\circ$ ○ $\tan 30^\circ$

(6) $\sin 0^\circ$ ○ $\sin 90^\circ$

(7) $\tan 45^\circ$ ○ $\cos 0^\circ$

교과서 문제로 개념 다지기

4

다음 중 옳은 것을 모두 고르면? (정답 2개)

① $\sin 0^\circ - \tan 30^\circ \times \tan 60^\circ = -1$

② $\sin^2 60^\circ + \cos^2 60^\circ = 2$

③ $(\sin 0^\circ + \cos 45^\circ)(\cos 90^\circ - \sin 45^\circ) = 1$

④ $\sin 90^\circ - \sin 30^\circ \times \tan 30^\circ = 0$

⑤ $\sqrt{3}\tan 60^\circ - 2\tan 45^\circ = 1$

5

다음 삼각비의 값 중 가장 큰 것은?

① $\sin 30^\circ$　② $\sin 90^\circ$　③ $\cos 60^\circ$
④ $\cos 90^\circ$　⑤ $\tan 60^\circ$

07 삼각비의 표

1

아래 삼각비의 표를 이용하여 다음 삼각비의 값을 구하시오.

각도	사인(sin)	코사인(cos)	탄젠트(tan)
25°	0.4226	0.9063	0.4663
26°	0.4384	0.8988	0.4877
27°	0.4540	0.8910	0.5095
28°	0.4695	0.8829	0.5317
29°	0.4848	0.8746	0.5543

(1) $\sin 25°$

(2) $\cos 28°$

(3) $\tan 26°$

(4) $\sin 27°$

(5) $\cos 29°$

(6) $\tan 27°$

2

아래 삼각비의 표를 이용하여 다음을 만족시키는 x의 크기를 구하시오.

각도	사인(sin)	코사인(cos)	탄젠트(tan)
56°	0.8290	0.5592	1.4826
57°	0.8387	0.5446	1.5399
58°	0.8480	0.5299	1.6003
59°	0.8572	0.5150	1.6643
60°	0.8660	0.5000	1.7321

(1) $\sin x=0.8387$

(2) $\cos x=0.5299$

(3) $\tan x=1.5399$

(4) $\sin x=0.8572$

(5) $\cos x=0.5592$

(6) $\tan x=1.7321$

3

아래 삼각비의 표를 이용하여 다음을 구하시오.

각도	사인(sin)	코사인(cos)	탄젠트(tan)
49°	0.7547	0.6561	1.1504
50°	0.7660	0.6428	1.1918
51°	0.7771	0.6293	1.2349
52°	0.7880	0.6157	1.2799

(1) $\sin 51^\circ$의 값

(2) $\cos 49^\circ$의 값

(3) $\tan 52^\circ$의 값

(4) $\sin x=0.7547$일 때, x의 크기

(5) $\cos x=0.6428$일 때, x의 크기

(6) $\tan x=1.2349$일 때, x의 크기

교과서 문제로 **개념 다지기**

4

다음 삼각비의 표를 이용하여 $\sin 44^\circ+\cos 43^\circ$의 값을 구하시오.

각도	사인(sin)	코사인(cos)	탄젠트(tan)
43°	0.6820	0.7314	0.9325
44°	0.6947	0.7193	0.9657
45°	0.7071	0.7071	1.0000
46°	0.7193	0.6947	1.0355

5

$\sin x=0.6561$, $\tan y=0.9325$일 때, 다음 삼각비의 표를 이용하여 $x+y$의 값을 구하시오.

각도	사인(sin)	코사인(cos)	탄젠트(tan)
40°	0.6428	0.7660	0.8391
41°	0.6561	0.7547	0.8693
42°	0.6691	0.7431	0.9004
43°	0.6820	0.7314	0.9325

개념 Drill 08 삼각비의 활용(1) - 직각삼각형의 변의 길이

1

다음 그림과 같은 직각삼각형 ABC에서 삼각비를 이용하여 x의 값을 구하시오.

(1)

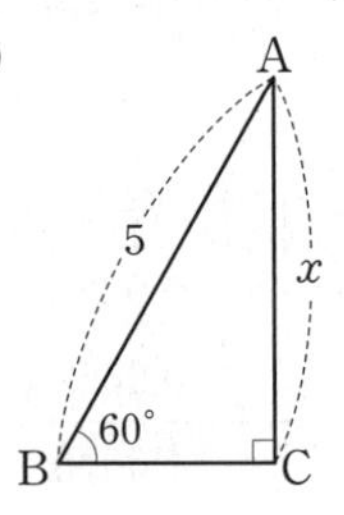

(2)

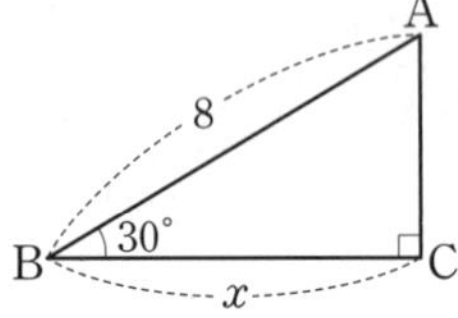

(3)

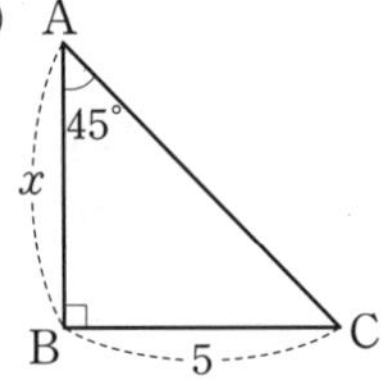

(4)

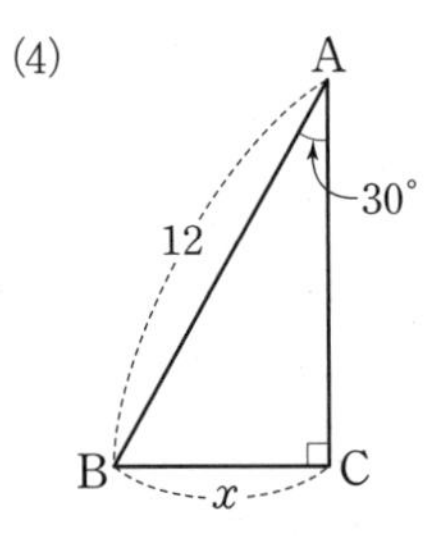

(5)

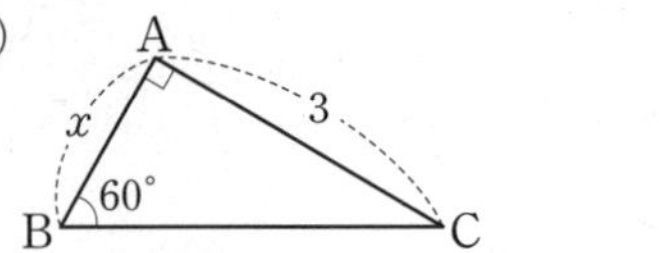

(6)

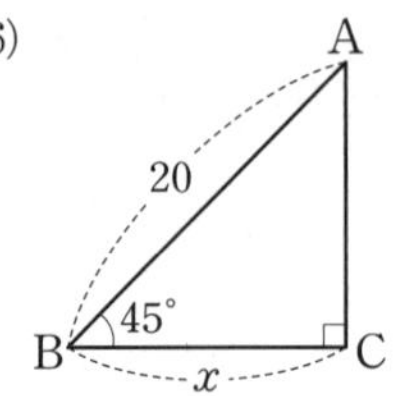

2

다음 그림과 같은 직각삼각형 ABC에서 삼각비를 이용하여 x의 값을 구하시오. (단, $\sin 38° = 0.62$, $\cos 38° = 0.79$, $\tan 38° = 0.78$로 계산한다.)

(1)

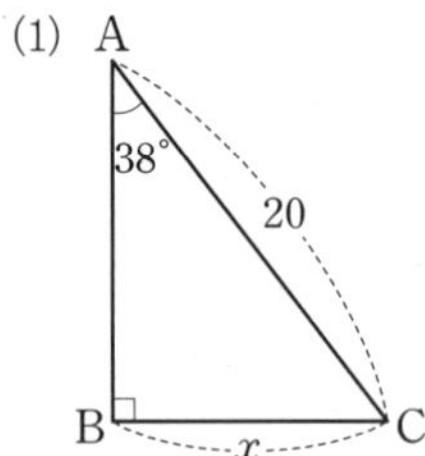

(2)

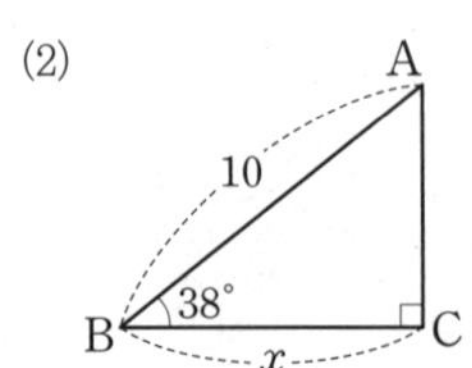

(3)

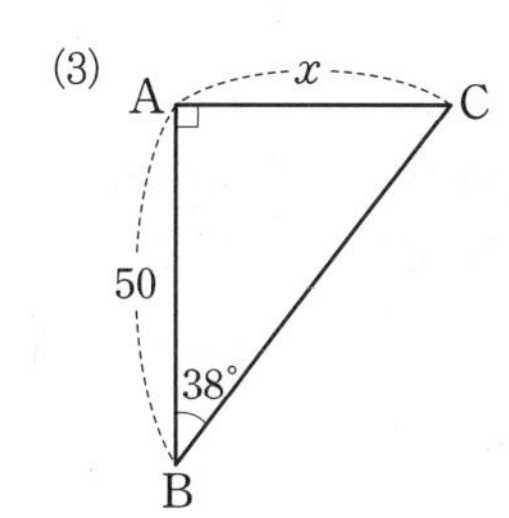

3

다음 그림과 같은 직각삼각형 ABC에서 삼각비를 이용하여 x의 값을 구하시오. (단, $\sin 53^\circ=0.80$, $\cos 53^\circ=0.60$, $\tan 53^\circ=1.33$으로 계산한다.)

(1)

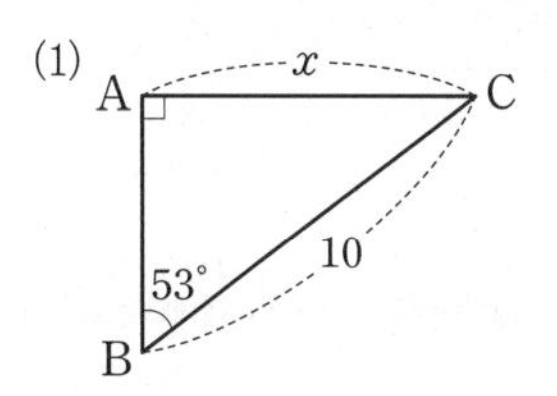

(2)

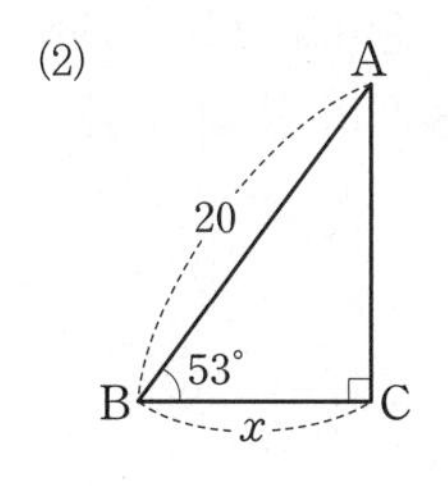

(3)

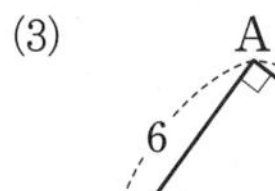
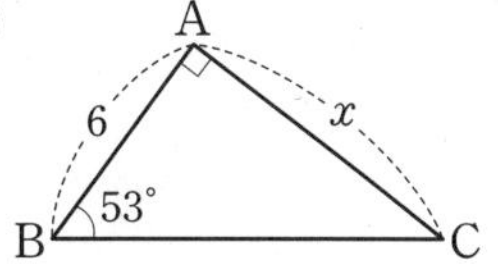

교과서 문제로 **개념 다지기**

4

다음 중 오른쪽 그림의 직각삼각형 ABC에서 $\overline{AC}$의 길이를 구하는 식으로 옳은 것을 모두 고르면? (정답 2개)

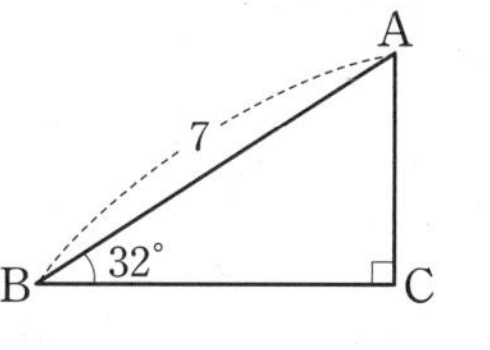

① $7\sin 32^\circ$ ② $7\cos 32^\circ$ ③ $7\sin 58^\circ$

④ $7\cos 58^\circ$ ⑤ $\dfrac{7}{\sin 32^\circ}$

5

다음 그림과 같이 바다를 항해하는 배와 등대 사이의 거리가 20 m이고 배가 있는 A지점에서 등대의 꼭대기 C를 올려본각의 크기가 23°일 때, 수면으로부터 등대의 꼭대기 C까지의 높이 BC를 구하시오.

(단, $\tan 23^\circ=0.4245$로 계산한다.)

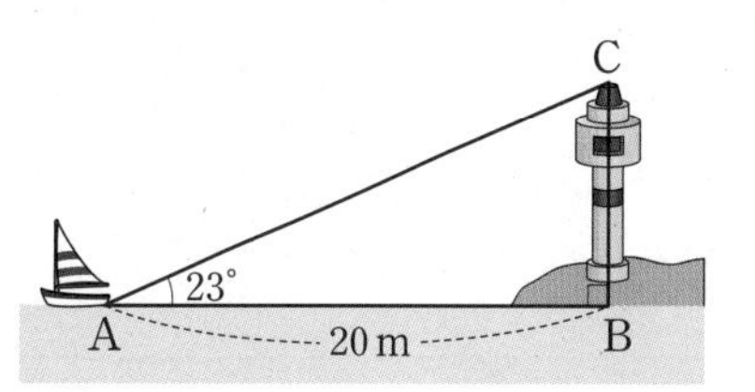

09 삼각비의 활용 (2) - 일반 삼각형의 변의 길이

1

다음은 아래 그림의 $\triangle ABC$에서 $\overline{AC}$의 길이를 구하는 과정이다. □ 안에 알맞은 것을 쓰시오.

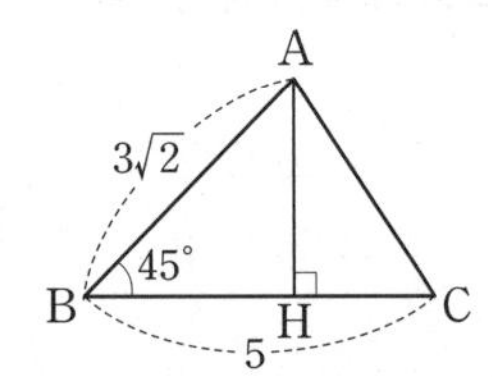

$\triangle ABH$에서
$\overline{AH}=3\sqrt{2}\sin\square=\square$,
$\overline{BH}=3\sqrt{2}\cos\square=\square$
$\therefore \overline{CH}=\overline{BC}-\overline{BH}=\square$
따라서 $\triangle AHC$에서
$\overline{AC}=\sqrt{\square^2+2^2}=\square$

2

다음은 아래 그림의 $\triangle ABC$에서 $\overline{AC}$의 길이를 구하는 과정이다. □ 안에 알맞은 것을 쓰시오.

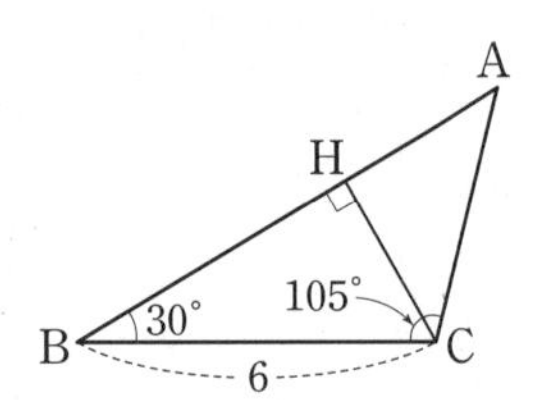

$\triangle BCH$에서
$\overline{CH}=6\sin\square=\square$
따라서 $\triangle AHC$에서
$\overline{AC}=\dfrac{3}{\sin\square}=\square$

3

아래 그림과 같이 $\triangle ABC$에서 $\overline{AC}$의 길이를 구하기 위해 꼭짓점 A에서 $\overline{BC}$에 내린 수선의 발을 H라 할 때, 다음을 구하시오.

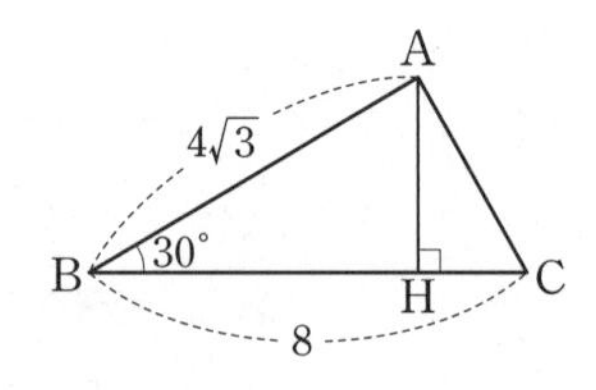

(1) $\overline{AH}$의 길이

(2) $\overline{BH}$의 길이

(3) $\overline{CH}$의 길이

(4) $\overline{AC}$의 길이

4

아래 그림과 같이 $\triangle ABC$에서 $\overline{AC}$의 길이를 구하기 위해 꼭짓점 A에서 $\overline{BC}$에 내린 수선의 발을 H라 할 때, 다음을 구하시오.

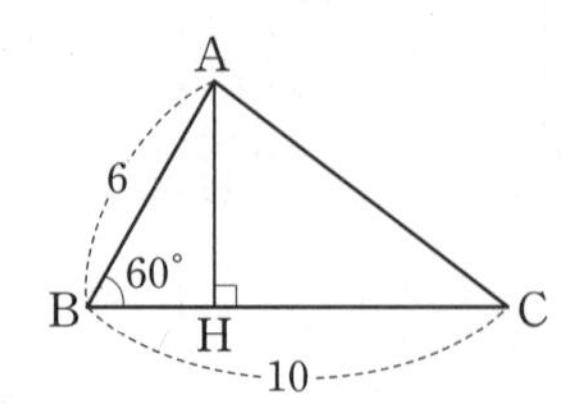

(1) $\overline{AH}$의 길이

(2) $\overline{BH}$의 길이

(3) $\overline{CH}$의 길이

(4) $\overline{AC}$의 길이

5

아래 그림과 같이 △ABC에서 $\overline{AC}$의 길이를 구하기 위해 꼭짓점 C에서 $\overline{AB}$에 내린 수선의 발을 H라 할 때, 다음을 구하시오.

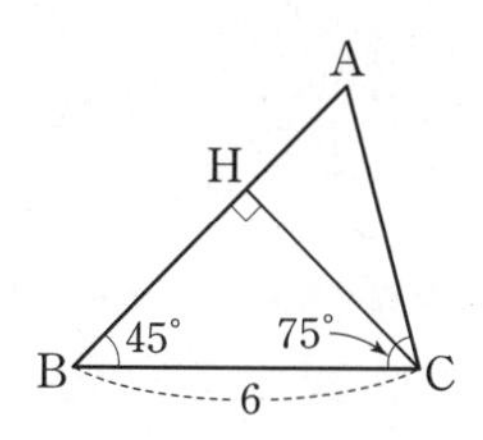

(1) $\overline{CH}$의 길이

(2) $\angle A$의 크기

(3) $\overline{AC}$의 길이

교과서 문제로 **개념 다지기**

6

오른쪽 그림의 △ABC에서 $\overline{AB}=8$, $\overline{BC}=10\sqrt{2}$이고 $\angle B=45°$일 때, $\overline{AC}$의 길이를 구하시오.

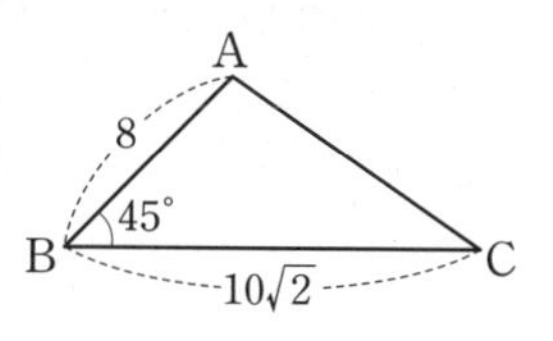

7

오른쪽 그림의 △ABC에서 $\overline{BC}=6$이고 $\angle B=75°$, $\angle C=60°$일 때, $\overline{AB}$의 길이를 구하시오.

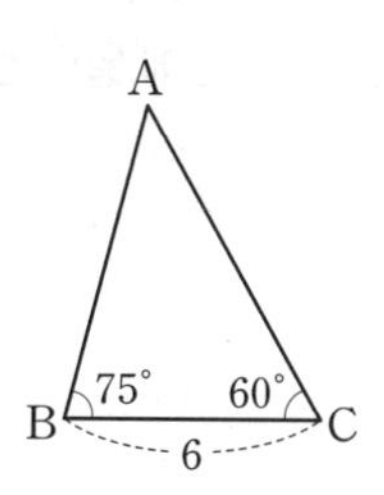

1 삼각비

개념 Drill ⑩ 삼각비의 활용 (3) - 삼각형의 높이

1

다음은 아래 그림의 $\triangle ABC$에서 높이 h를 구하는 과정이다. □ 안에 알맞은 것을 쓰시오.

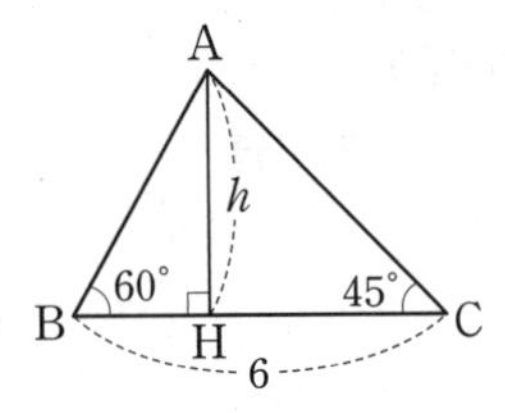

$\angle BAH=$□, $\angle CAH=$□이므로
$\overline{BH}=h\tan$□, $\overline{CH}=h\tan$□
따라서 $\overline{BC}=\overline{BH}+\overline{CH}=$□$h+h=6$이므로
$h=6\times\dfrac{3}{□+3}=$□

2

다음은 아래 그림의 $\triangle ABC$에서 높이 h를 구하는 과정이다. □ 안에 알맞은 것을 쓰시오.

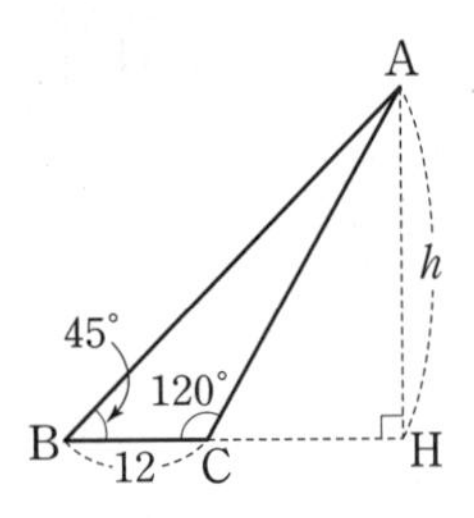

$\angle BAH=$□, $\angle CAH=$□이므로
$\overline{BH}=h\tan$□, $\overline{CH}=h\tan$□
따라서 $\overline{BC}=\overline{BH}-\overline{CH}=h-$□$h=12$이므로
$h=12\times\dfrac{3}{3-□}=$□

3

다음 그림의 $\triangle ABC$에서 $\overline{BC}=24$이고 $\angle B=30°$, $\angle C=45°$일 때, 물음에 답하시오.

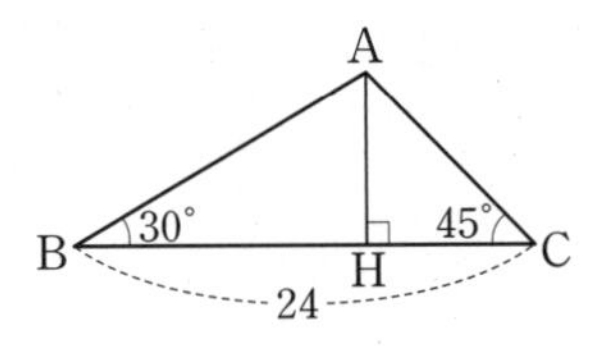

(1) $\angle BAH$와 $\angle CAH$의 크기를 각각 구하시오.

(2) $\overline{BH}$의 길이를 $\overline{AH}$와 tan의 값을 이용하여 나타내시오.

(3) $\overline{CH}$의 길이를 $\overline{AH}$와 tan의 값을 이용하여 나타내시오.

(4) $\overline{BC}=\overline{BH}+\overline{CH}$임을 이용하여 $\overline{AH}$의 길이를 구하시오.

4

다음 그림의 $\triangle ABC$에서 $\overline{BC}=6$이고 $\angle B=30^\circ$, $\angle C=120^\circ$일 때, 물음에 답하시오.

(1) $\angle BAH$와 $\angle CAH$의 크기를 각각 구하시오.

(2) $\overline{BH}$의 길이를 $\overline{AH}$와 tan의 값을 이용하여 나타내시오.

(3) $\overline{CH}$의 길이를 $\overline{AH}$와 tan의 값을 이용하여 나타내시오.

(4) $\overline{BC}=\overline{BH}-\overline{CH}$임을 이용하여 $\overline{AH}$의 길이를 구하시오.

교과서 문제로 **개념 다지기**

5

오른쪽 그림의 $\triangle ABC$에서 $\overline{AH}\perp\overline{BC}$이고 $\overline{BC}=14\,\text{cm}$, $\angle B=45^\circ$, $\angle C=30^\circ$일 때, $\overline{AH}$의 길이를 구하시오.

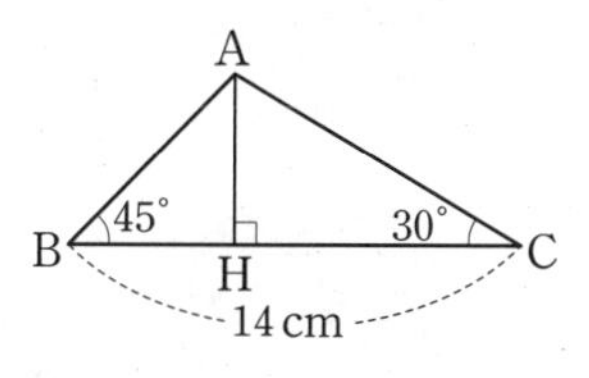

6

오른쪽 그림의 $\triangle ABC$에서 $\angle A=30^\circ$, $\angle B=135^\circ$이고 $\overline{AB}=8\,\text{cm}$일 때, $\overline{CH}$의 길이를 구하시오.

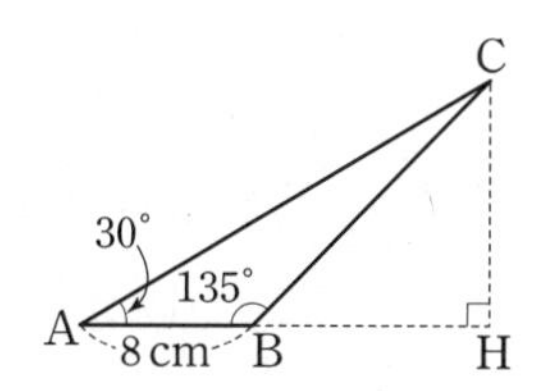

⑪ 삼각비의 활용 (4) - 삼각형의 넓이

1

다음 그림과 같은 $\triangle ABC$의 넓이를 구할 때, □ 안에 알맞은 것을 쓰시오.

(1)

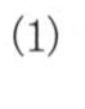

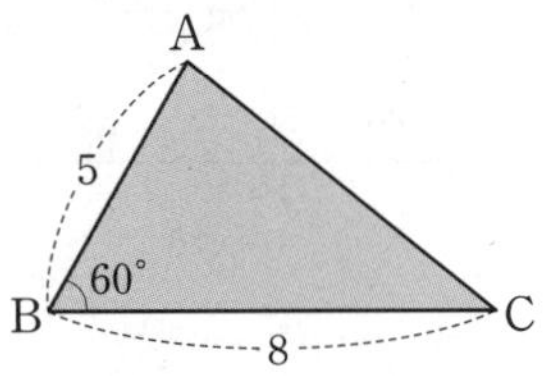

⇨ $\triangle ABC=\frac{1}{2}\times 8\times$ □ $\times\sin$ □

$=$ □

(2)

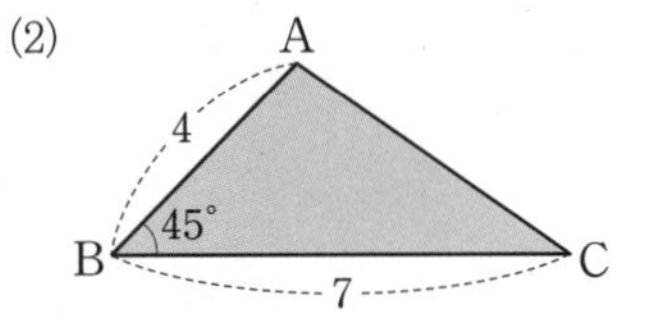

⇨ $\triangle ABC=\frac{1}{2}\times$ □ $\times 4\times\sin$ □

$=$ □

(3)

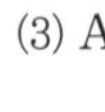

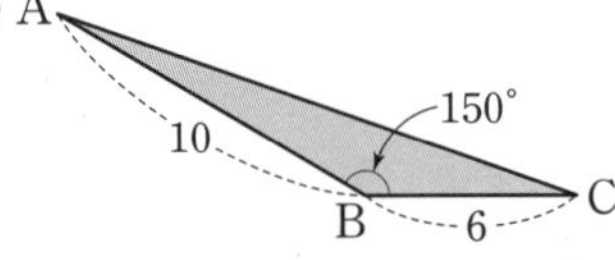

⇨ $\triangle ABC=\frac{1}{2}\times$ □ $\times 10\times\sin(180^\circ-$ □ $)$

$=\frac{1}{2}\times$ □ $\times 10\times\sin$ □

$=$ □

(4)

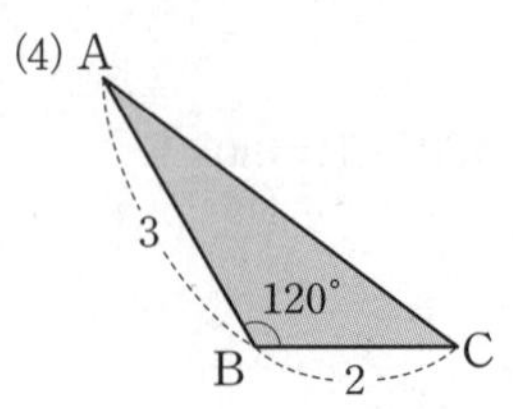

⇨ $\triangle ABC=\frac{1}{2}\times 2\times$ □ $\times\sin(180^\circ-$ □ $)$

$=\frac{1}{2}\times 2\times$ □ $\times\sin$ □

$=$ □

2

다음 그림과 같은 $\triangle ABC$의 넓이를 구하시오.

(1)

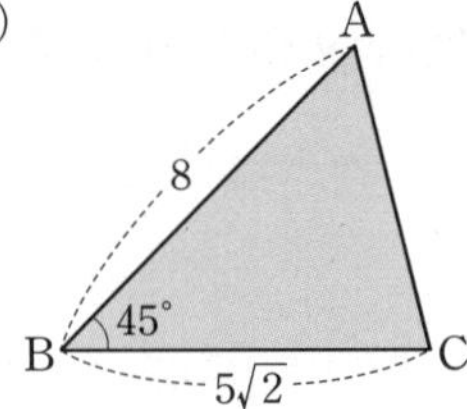

(2)

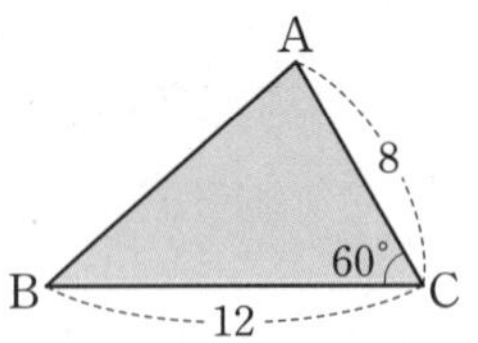

(3)

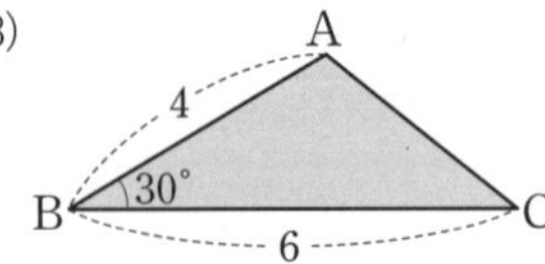

(4)

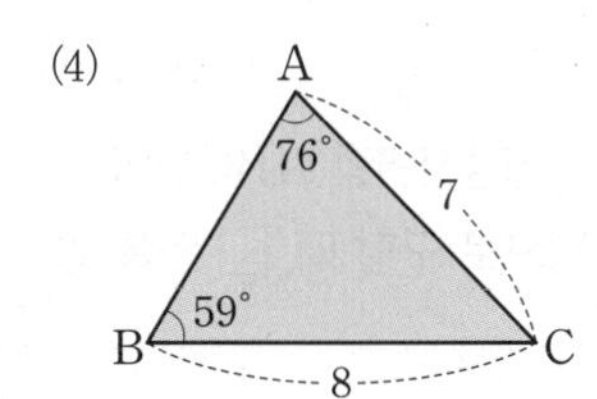

3
다음 그림과 같은 $\triangle$ABC의 넓이를 구하시오.

(1)

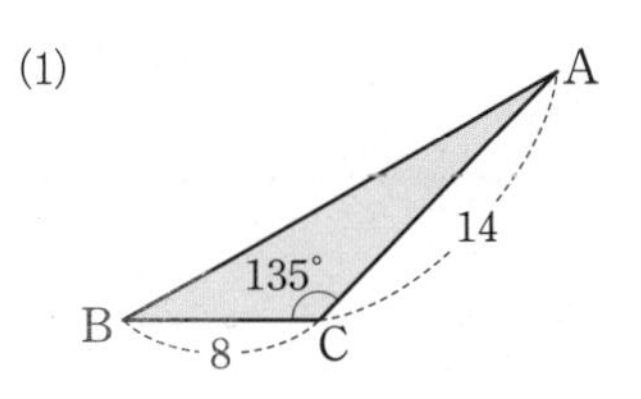

(2)

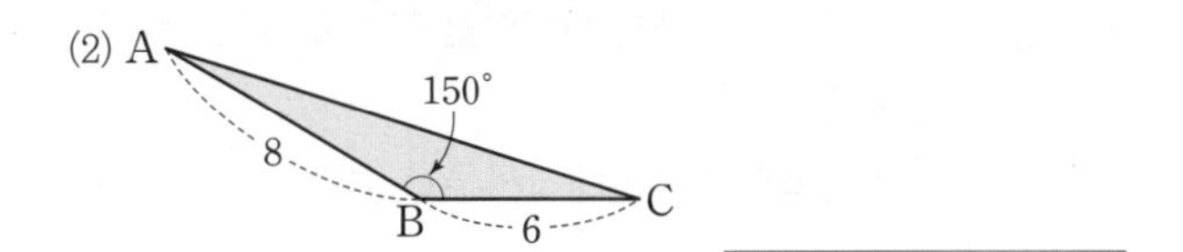

(3)

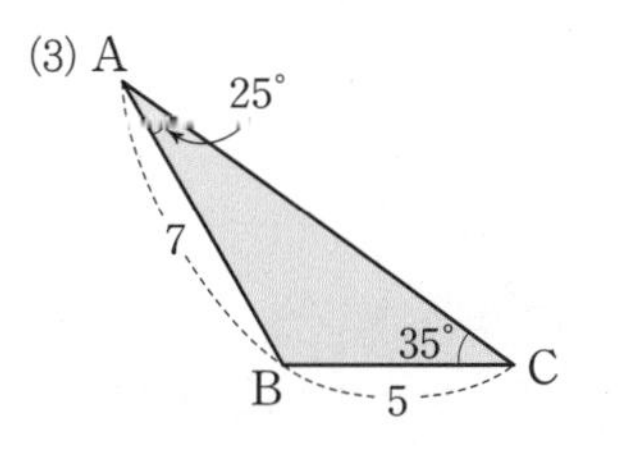

교과서 문제로 **개념 다지기**

4
다음 그림과 같이 $\overline{AB}=\overline{AC}=4\sqrt{3}$ cm이고 $\angle B=60°$인 이등변삼각형 ABC의 넓이를 구하시오.

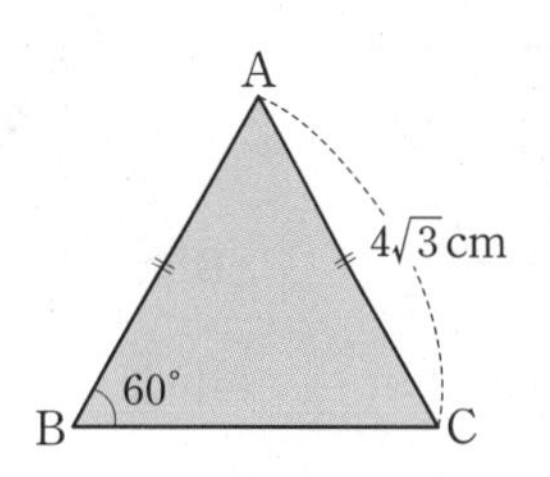

5
다음 그림과 같은 $\triangle$ABC에서 $\overline{AB}=5$ cm, $\angle B=135°$이고 넓이가 $\frac{15\sqrt{2}}{4}$ cm^2일 때, $\overline{BC}$의 길이를 구하시오.

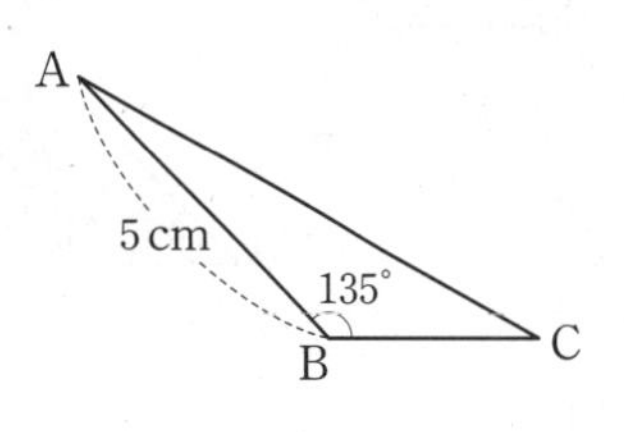

개념 Drill ⑫ 삼각비의 활용 (5) - 사각형의 넓이

1

$\overline{AB}=8$, $\overline{BC}=9$, $\angle B=60°$인 평행사변형 ABCD의 넓이 S를 다음과 같이 두 가지 방법으로 구할 때, □ 안에 알맞은 것을 쓰시오.

(1)

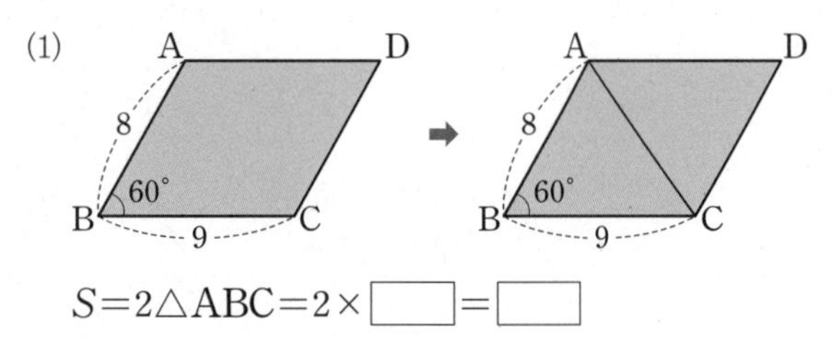

$S=2\triangle ABC=2\times\square=\square$

(2) 넓이를 구하는 공식을 이용하면

$S=8\times9\times\sin\square=\square$

3

$\overline{AD}=4$, $\overline{CD}=6$, $\angle D=150°$인 평행사변형 ABCD의 넓이 S를 다음과 같이 두 가지 방법으로 구할 때, □ 안에 알맞은 것을 쓰시오.

(1)

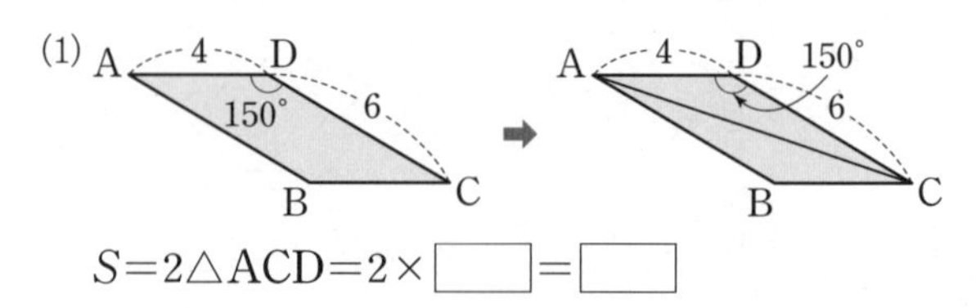

$S=2\triangle ACD=2\times\square=\square$

(2) 넓이를 구하는 공식을 이용하면

$S=4\times6\times\sin(180°-\square)$

$=4\times6\times\sin\square$

$=\square$

2

$\overline{AB}=6$, $\overline{BC}=3$, $\angle B=45°$인 평행사변형 ABCD의 넓이 S를 다음과 같이 두 가지 방법으로 구할 때, □ 안에 알맞은 것을 쓰시오.

(1)

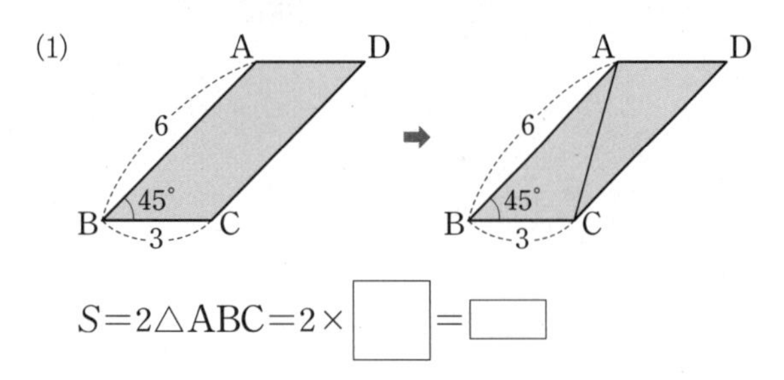

$S=2\triangle ABC=2\times\square=\square$

(2) 넓이를 구하는 공식을 이용하면

$S=6\times3\times\sin\square=\square$

4

$\overline{AC}=8$, $\overline{BD}=10$, $\angle AOB=45°$인 사각형 ABCD의 넓이 S를 다음과 같이 두 가지 방법으로 구할 때, □ 안에 알맞은 것을 쓰시오.

(단, 점 O는 두 대각선 AC, BD의 교점이다.)

(1)

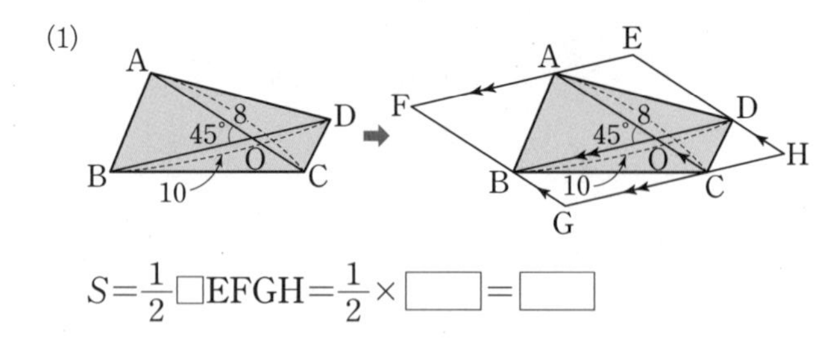

$S=\frac{1}{2}\square EFGH=\frac{1}{2}\times\square=\square$

(2) 넓이를 구하는 공식을 이용하면

$S=\frac{1}{2}\times8\times10\times\sin\square=\square$

5

$\overline{AC}=12$, $\overline{BD}=10$, $\angle AOD=90^\circ$인 사각형 ABCD의 넓이 S를 다음과 같이 두 가지 방법으로 구할 때, □ 안에 알맞은 것을 쓰시오.

(단, 점 O는 두 대각선 AC, BD의 교점이다.)

(1)

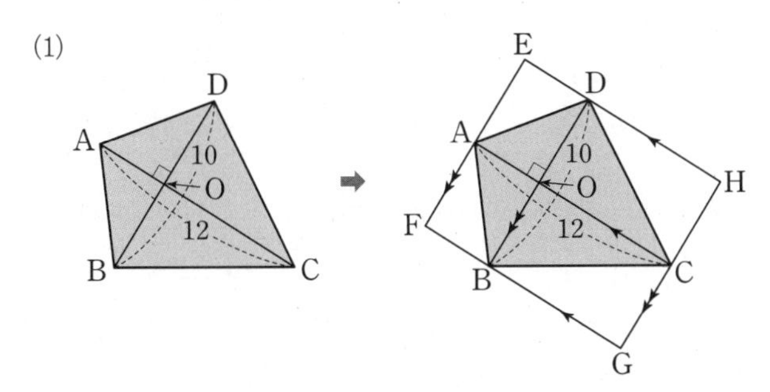

$S=\frac{1}{2}\square EFGH=\frac{1}{2}\times$ □ $=$ □

(2) 넓이를 구하는 공식을 이용하면

$S=\frac{1}{2}\times 12\times 10\times \sin$ □ $=$ □

6

$\overline{AC}=14$, $\overline{BD}=16$, $\angle BOC=120^\circ$인 사각형 ABCD의 넓이 S를 다음과 같이 두 가지 방법으로 구할 때, □ 안에 알맞은 것을 쓰시오.

(단, 점 O는 두 대각선 AC, BD의 교점이다.)

(1)

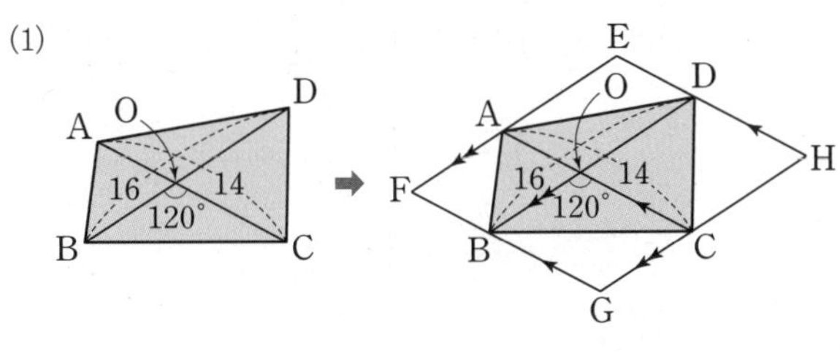

$S=\frac{1}{2}\square EFGH=\frac{1}{2}\times$ □ $=$ □

(2) 넓이를 구하는 공식을 이용하면

$S=\frac{1}{2}\times 14\times 16\times \sin(180^\circ-$ □ $)$

$=\frac{1}{2}\times 14\times 16\times \sin$ □

$=$ □

교과서 문제로 개념 다지기

7

다음 그림과 같은 평행사변형 ABCD의 넓이가 $42\,\text{cm}^2$일 때, $\overline{BC}$의 길이를 구하시오.

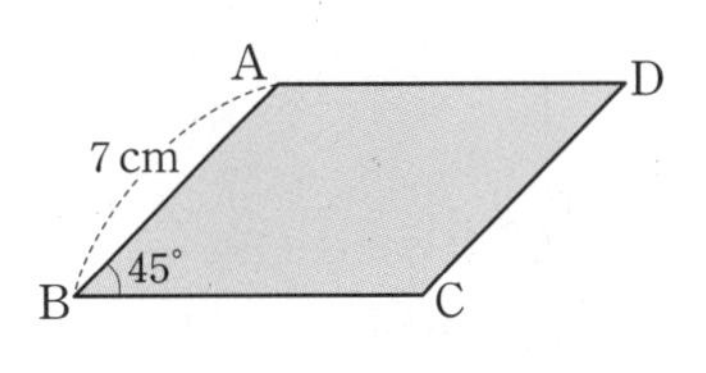

8

오른쪽 그림과 같이 한 변의 길이가 6 cm인 마름모 ABCD의 넓이는?

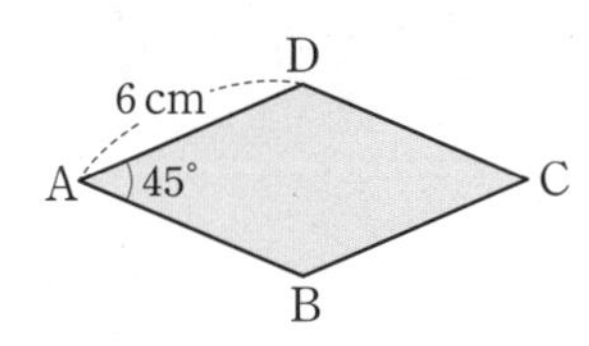

① $9\sqrt{2}\,\text{cm}^2$
② $18\sqrt{2}\,\text{cm}^2$
③ $18\sqrt{3}\,\text{cm}^2$
④ $24\sqrt{2}\,\text{cm}^2$
⑤ $36\sqrt{2}\,\text{cm}^2$

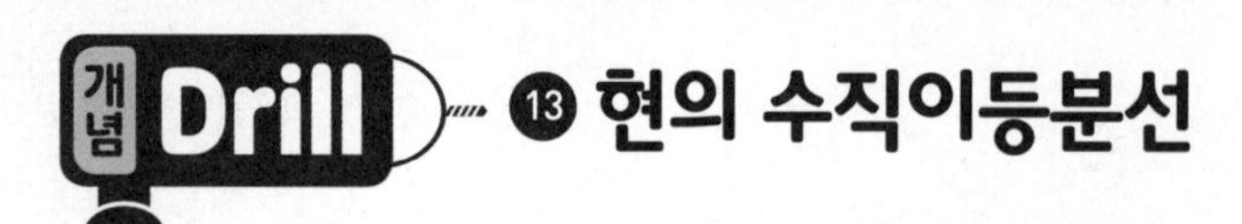

1

다음 그림의 원 O에서 $\overline{AB}\perp\overline{OM}$일 때, x의 값을 구하시오.

(1)

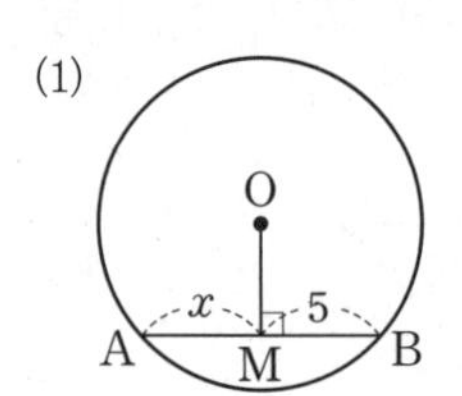

(2)

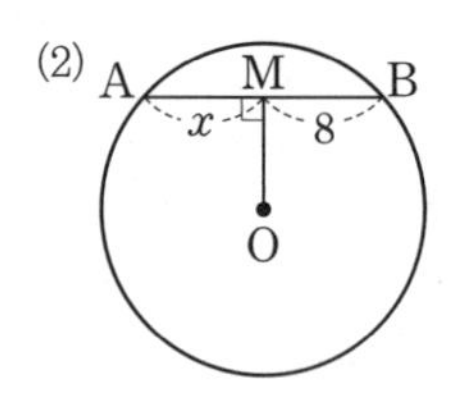

(3)

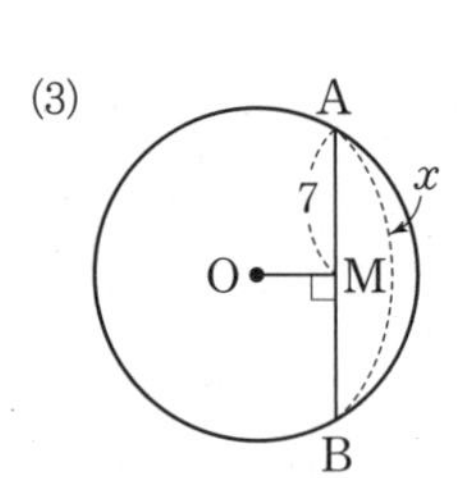

(4)

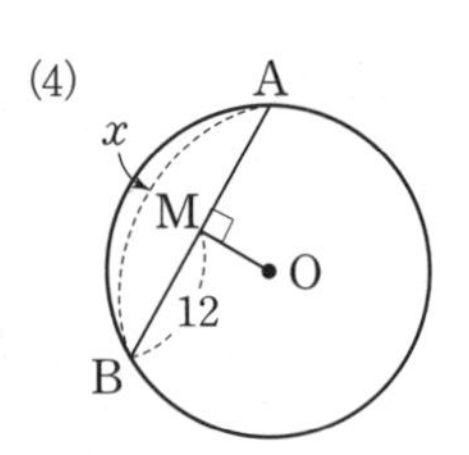

(5)

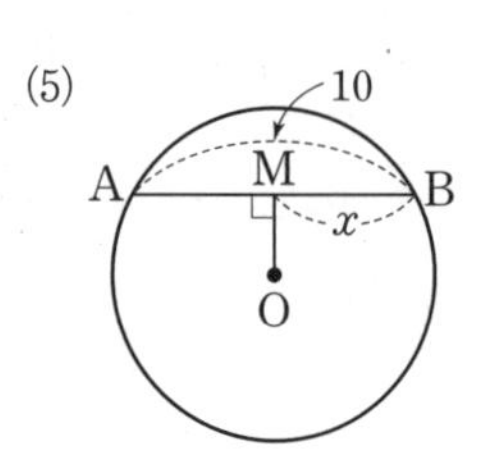

2

아래 그림의 원 O에서 $\overline{AB}\perp\overline{OM}$일 때, 다음을 구하시오.

(1)

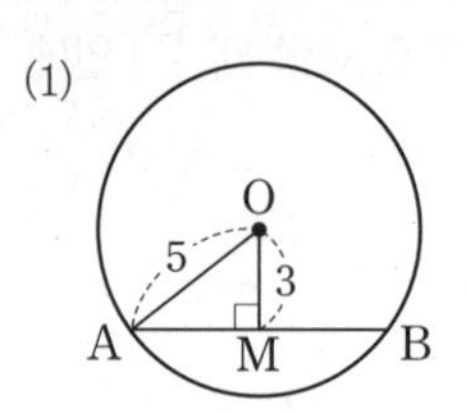

$\overline{AM}$의 길이: ______

$\overline{AB}$의 길이: ______

(2)

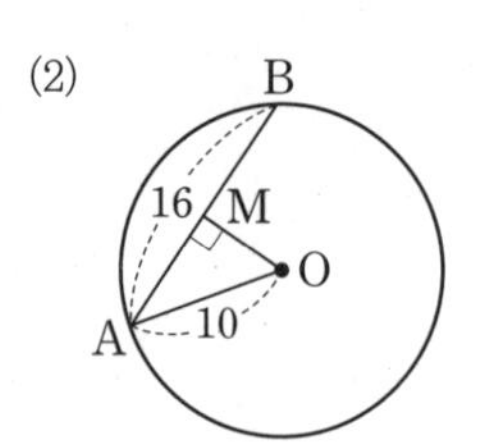

$\overline{AM}$의 길이: ______

$\overline{OM}$의 길이: ______

(3)

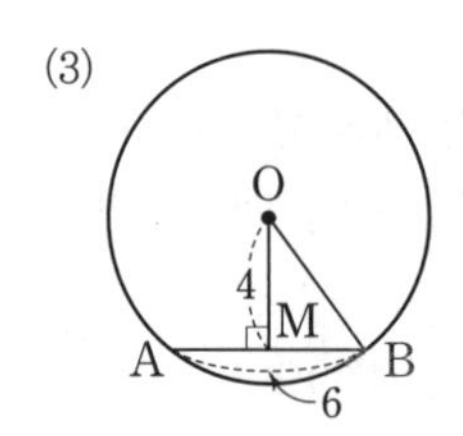

$\overline{BM}$의 길이: ______

$\overline{OB}$의 길이: ______

(4)

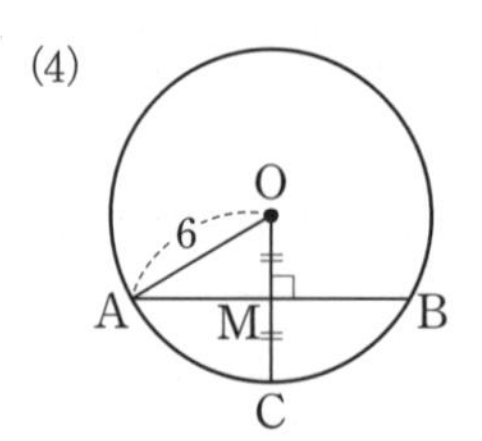

$\overline{AM}$의 길이: ______

$\overline{AB}$의 길이: ______

3

다음 그림의 원 O에서 $\overline{AB}\perp\overline{OM}$일 때, x의 값을 구하시오.

(1)

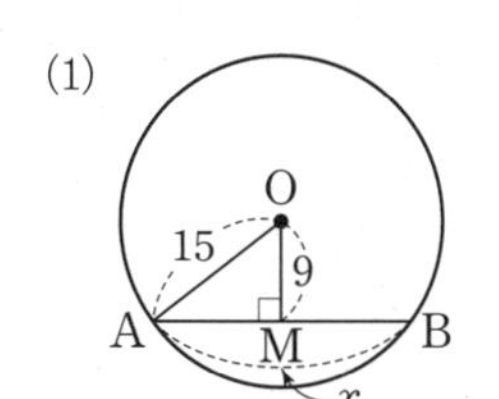

(2)

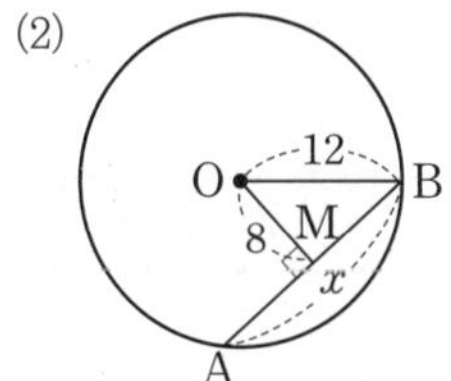

(3)

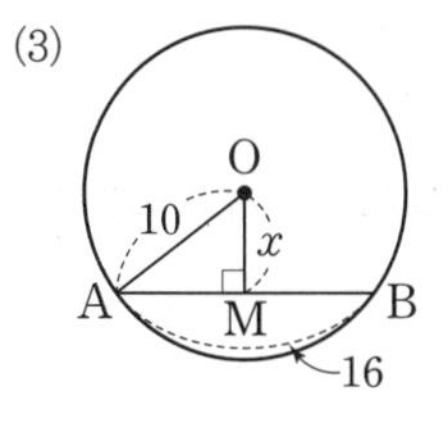

(4)

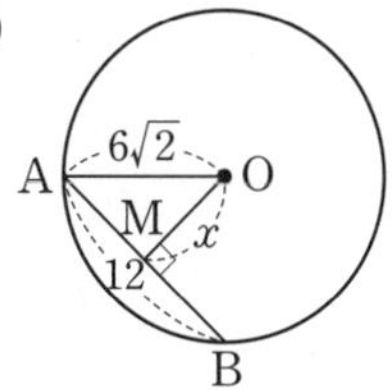

(5)

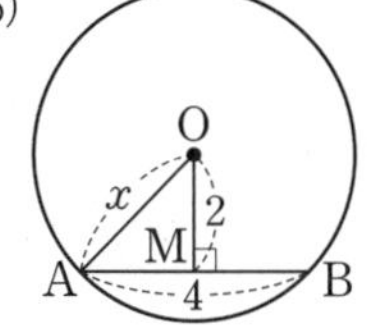

교과서 문제로 **개념 다지기**

4

오른쪽 그림의 원 O에서 $\overline{AB}\perp\overline{OM}$이고 $\overline{OB}=8\,\text{cm}$, $\overline{OM}=6\,\text{cm}$일 때, $\overline{AB}$의 길이를 구하시오.

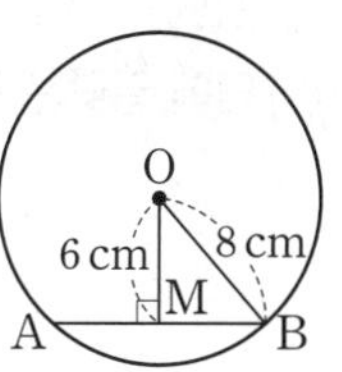

5

다음 그림의 원 O에서 $\overline{AB}\perp\overline{OC}$일 때, x의 값을 구하시오.

(1)

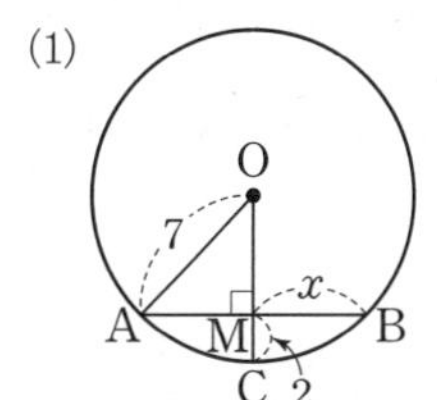

(2)

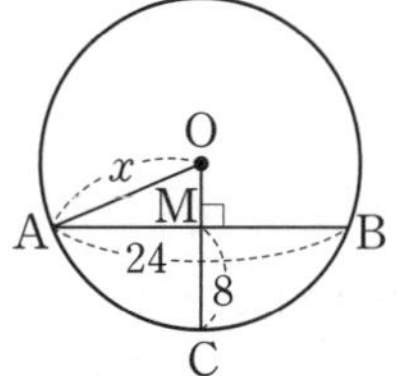

개념 Drill ⑭ 현의 수직이등분선의 응용

1

아래 그림에서 $\widehat{AB}$는 원의 일부이고 $\overline{CM}$은 $\overline{AB}$의 수직이등분선이다. 이 원의 반지름의 길이를 구하려고 할 때, 다음 □ 안에 알맞은 것을 쓰시오.

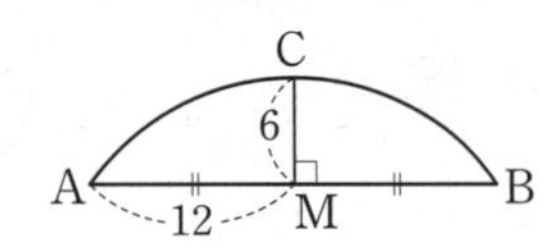

다음 그림과 같이 현의 수직이등분선은 원의 중심을 지나므로 원의 중심을 O라 하면 □의 연장선은 점 O를 지난다.

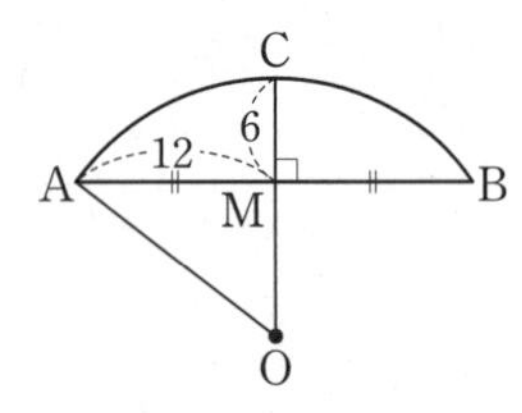

원 O의 반지름의 길이를 r라 하면

$\overline{OA}=$□, $\overline{OM}=$□

△AOM에서 $12^2+($□$)^2=r^2$

□$r=180$ $\quad\therefore r=$□

따라서 원의 반지름의 길이는 □이다.

2

다음 그림에서 $\widehat{AB}$는 원의 일부이다. $\overline{AM}=\overline{BM}$, $\overline{AB}\perp\overline{CM}$일 때, 이 원의 반지름의 길이를 구하시오.

(1)

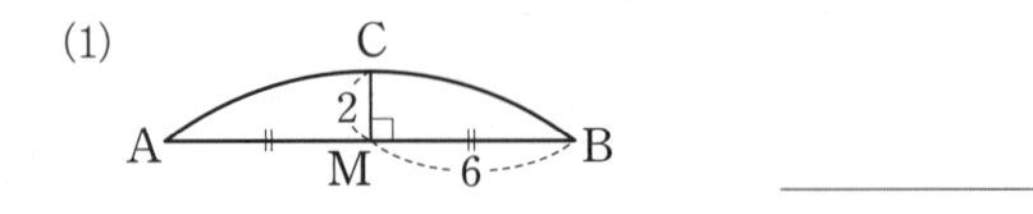

(2)

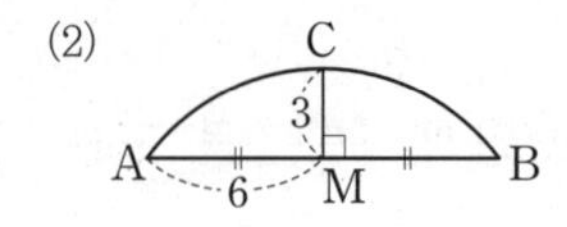

(3)

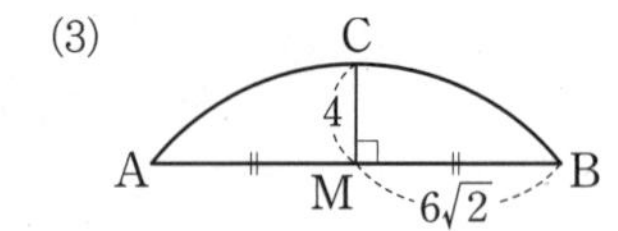

(4)

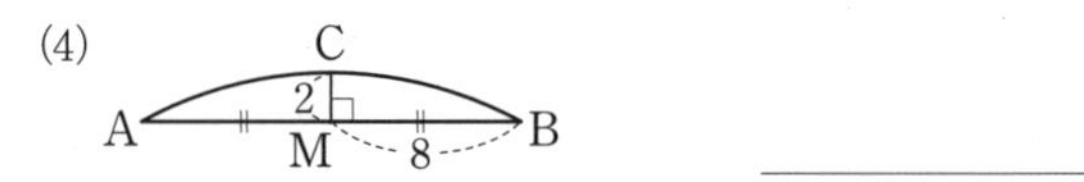

(5)

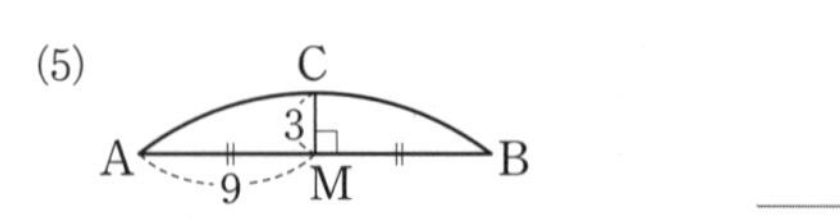

3

오른쪽 그림과 같이 반지름의 길이가 20인 원 모양의 종이를 현 AB를 접는 선으로 하여 $\widehat{AB}$가 원의 중심 O를 지나도록 접었다. $\overline{AB}$의 길이를 구하려고 할 때, 다음 □ 안에 알맞은 수를 쓰시오.

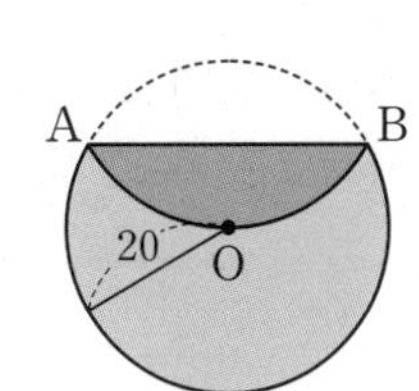

다음 그림과 같이 원의 중심 O에서 현 AB에 내린 수선의 발을 M이라 하자.

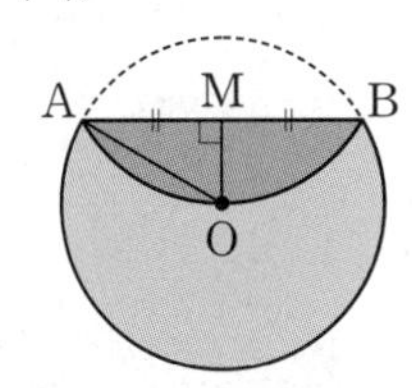

$\overline{OA}=\square$ (원의 반지름)

$\overline{OM}=\frac{1}{2}\overline{OA}=\frac{1}{2}\times\square=\square$

따라서 직각삼각형 AOM에서

$\overline{AM}=\sqrt{\square^2-\square^2}=\square$

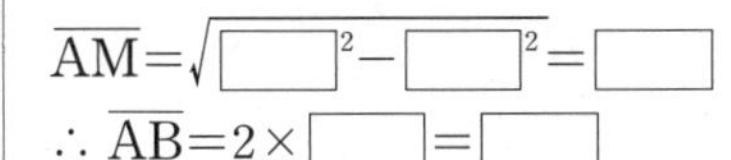

$\therefore\ \overline{AB}=2\times\square=\square$

4

오른쪽 그림과 같이 반지름의 길이가 10인 원 모양의 종이를 $\widehat{AB}$가 원의 중심 O를 지나도록 접었다. 원의 중심 O에서 $\overline{AB}$에 내린 수선의 발을 M이라 할 때, 다음을 구하시오.

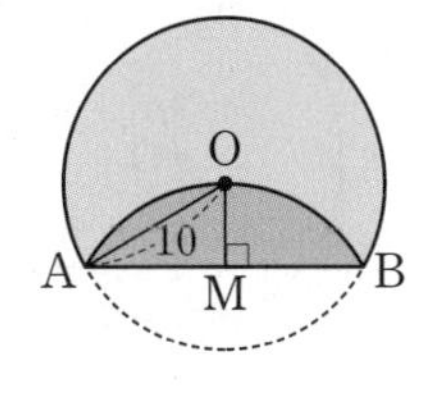

(1) $\overline{OM}$의 길이

(2) $\overline{AM}$의 길이

(3) $\overline{AB}$의 길이

교과서 문제로 **개념 다지기**

5

오른쪽 그림에서 $\widehat{AB}$는 반지름의 길이가 10 cm인 원의 일부이다. $\overline{CD}$가 $\overline{AB}$의 수직이등분선이고 $\overline{AB}=16$ cm일 때, $\overline{CD}$의 길이를 구하시오.

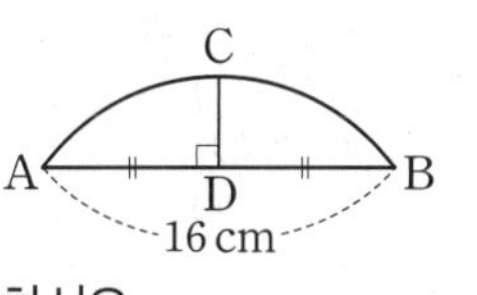

6

오른쪽 그림과 같이 반지름의 길이가 4 cm인 원 모양의 종이를 $\overline{AB}$를 접는 선으로 하여 $\widehat{AB}$가 원의 중심 O를 지나도록 접었다. 이때 $\overline{AB}$의 길이를 구하시오.

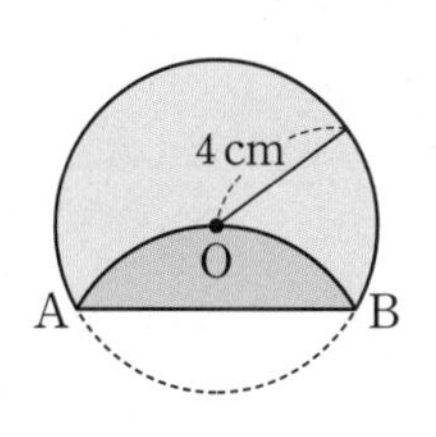

⑮ 현의 길이

1

다음 그림의 원 O에서 x의 값을 구하시오.

(1)

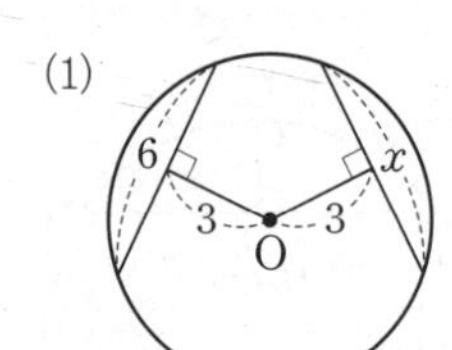

(2)

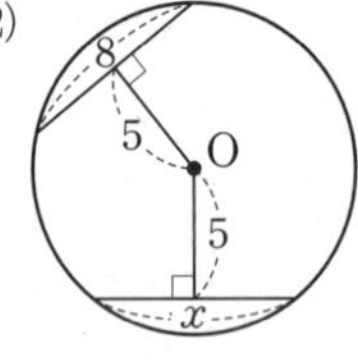

(3)

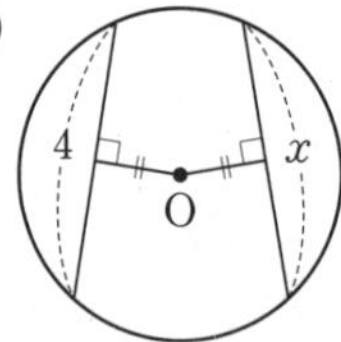

(4)

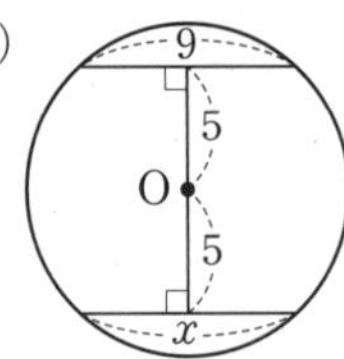

(5)

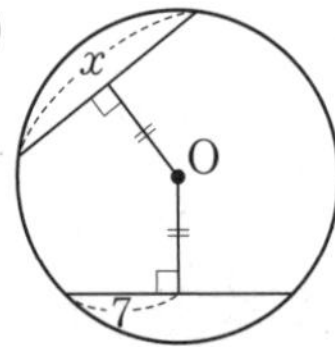

2

다음 그림의 원 O에서 x의 값을 구하시오.

(1)

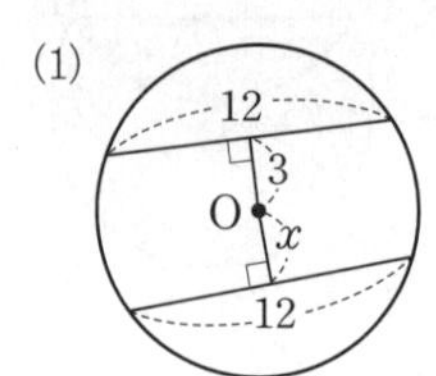

(2)

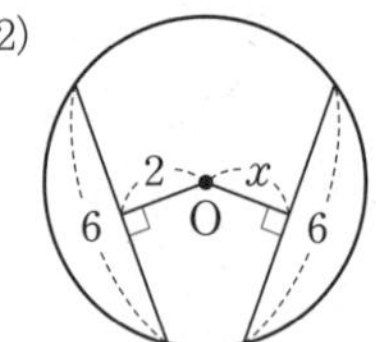

(3)

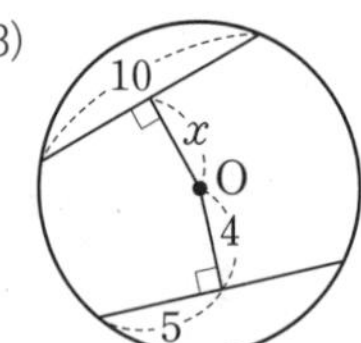

(4)

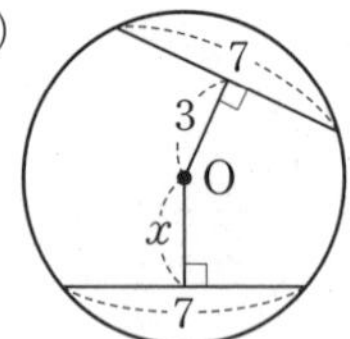

(5)

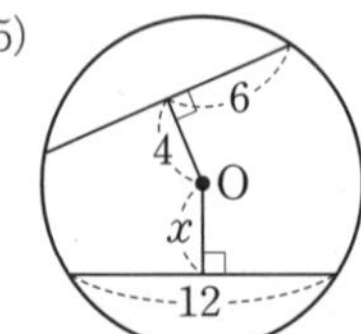

3

아래 그림과 같이 원의 중심 O에서 $\overline{AB}$와 $\overline{CD}$에 내린 수선의 발을 각각 M, N이라 할 때, 다음을 구하시오.

(1)

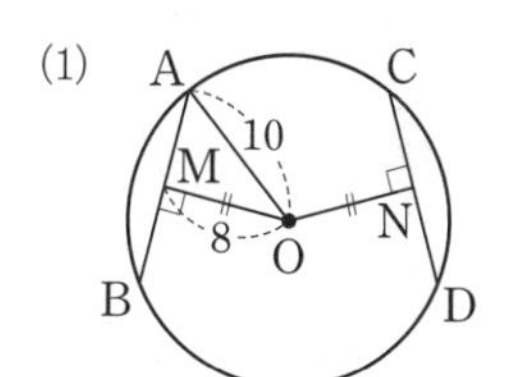

$\overline{AM}$의 길이: ________

$\overline{AB}$의 길이: ________

$\overline{CD}$의 길이: ________

(2)

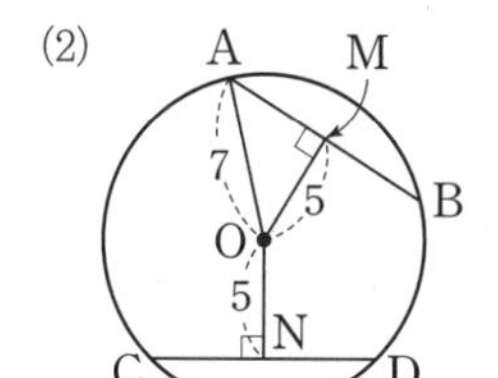

$\overline{AM}$의 길이: ________

$\overline{AB}$의 길이: ________

$\overline{CD}$의 길이: ________

(3)

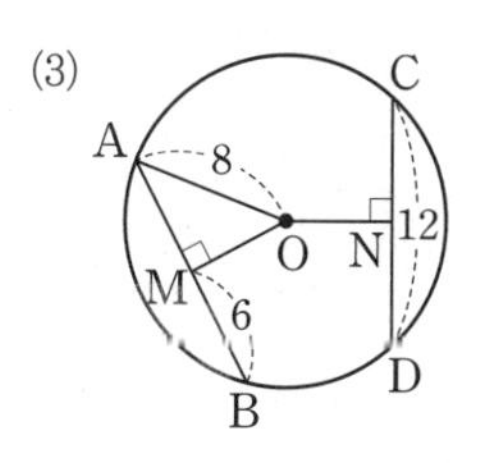

$\overline{AM}$의 길이: ________

$\overline{OM}$의 길이: ________

$\overline{ON}$의 길이: ________

교과서 문제로 개념 다지기

4

오른쪽 그림의 원 O에서 $\overline{AB}\perp\overline{OM}$, $\overline{CD}\perp\overline{ON}$이다. $\overline{OM}=\overline{ON}=7\,\text{cm}$, $\overline{AB}=14\,\text{cm}$일 때, $\overline{OC}$의 길이를 구하시오.

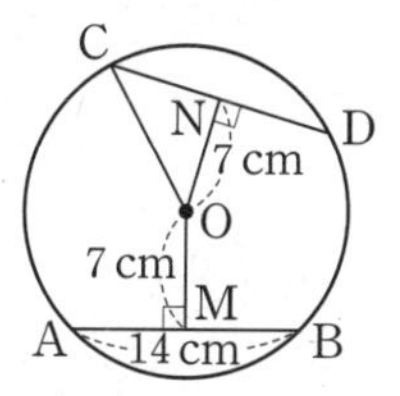

____

5

오른쪽 그림의 원 O에서 $\overline{AB}\perp\overline{OM}$, $\overline{AC}\perp\overline{ON}$이고 $\overline{OM}=\overline{ON}$이다. $\angle A=58^\circ$일 때, $\angle B$의 크기를 구하시오.

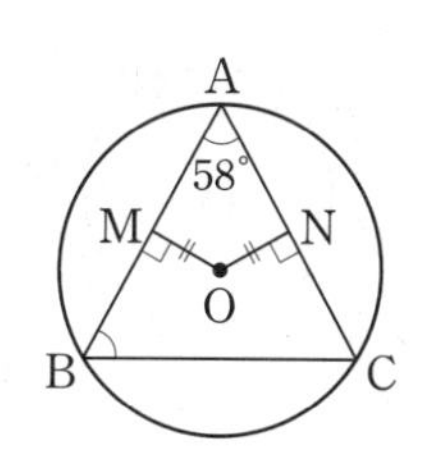

____

개념 Drill ⑯ 원의 접선의 성질

1

다음 그림에서 $\overrightarrow{PA}$, $\overrightarrow{PB}$는 원 O의 접선이고 두 점 A, B는 그 접점일 때, $\angle x$의 크기를 구하시오.

(1)

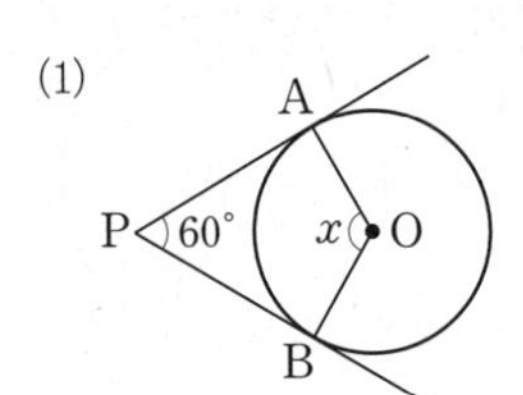

(2)

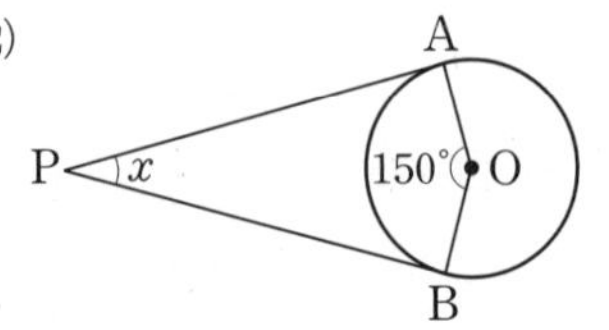

(3)

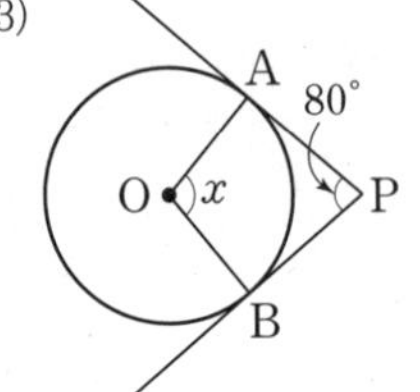

(4)

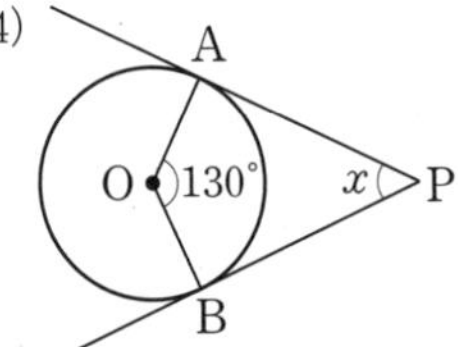

2

다음 그림의 두 점 A, B는 점 P에서 원 O에 그은 접선의 접점일 때, x의 값을 구하시오.

(1)

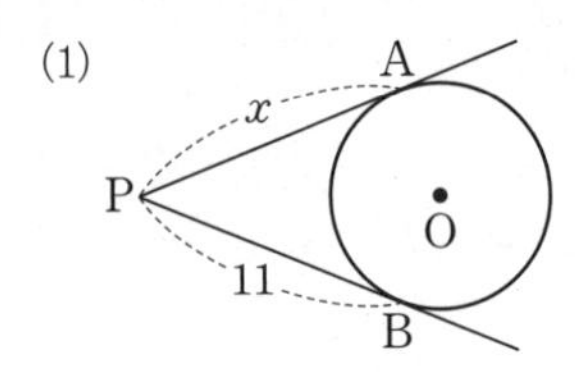

(2)

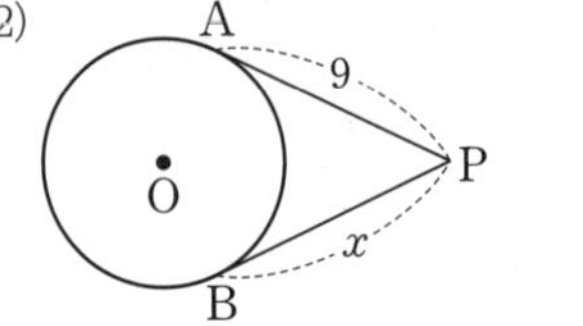

(3)

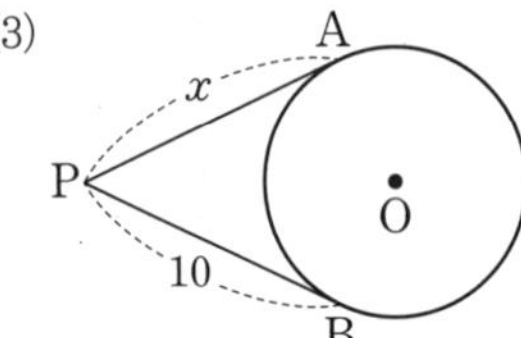

(4)

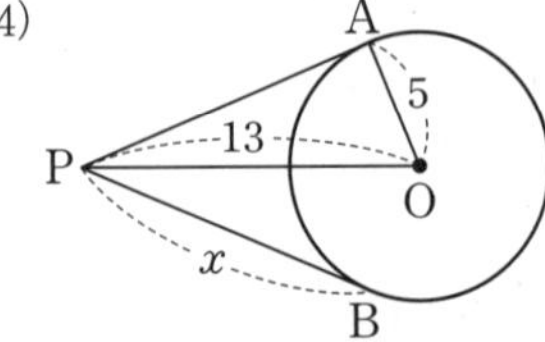

3

다음 그림에서 $\overline{PA}$, $\overline{PB}$는 원 O의 접선이고 두 점 A, B는 그 접점일 때, $\angle x$의 크기를 구하시오.

(1)

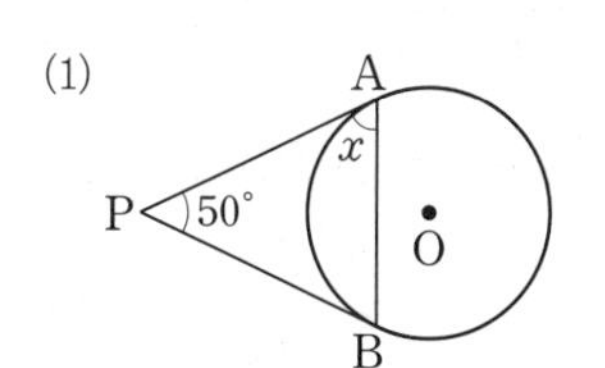

(2)

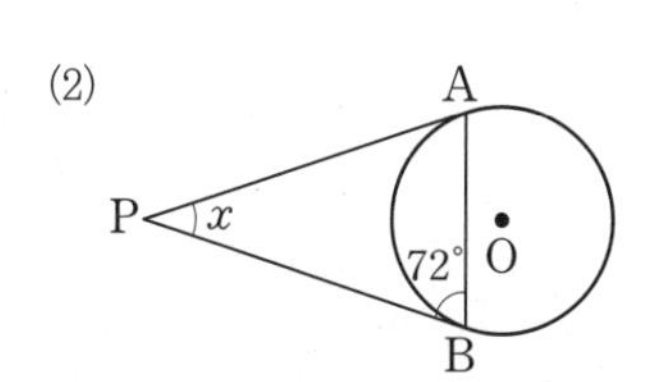

4

다음 그림에서 $\overline{PA}$, $\overline{PQ}$, $\overline{QC}$는 원 O의 접선이고 세 점 A, B, C가 그 접점일 때, x의 값을 구하시오.

(1)

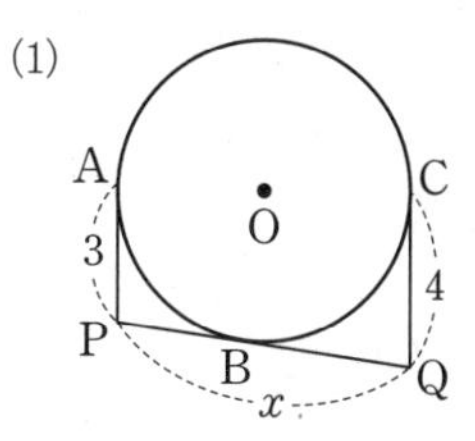

(2)

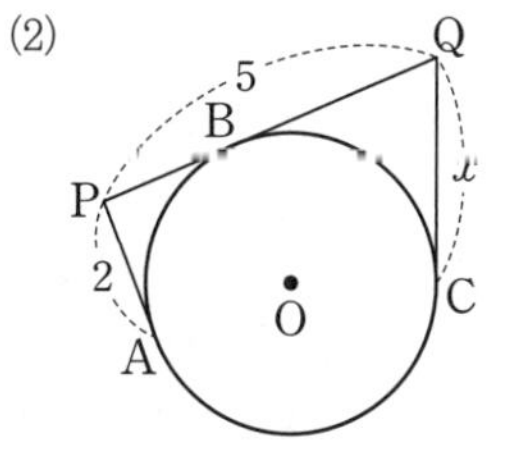

교과서 문제로 **개념 다지기**

5

다음 그림에서 $\overline{PA}$, $\overline{PB}$는 원 O의 접선이고 두 점 A, B는 그 접점이다. $\angle APB=46°$일 때 $\angle x$의 크기를 구하시오.

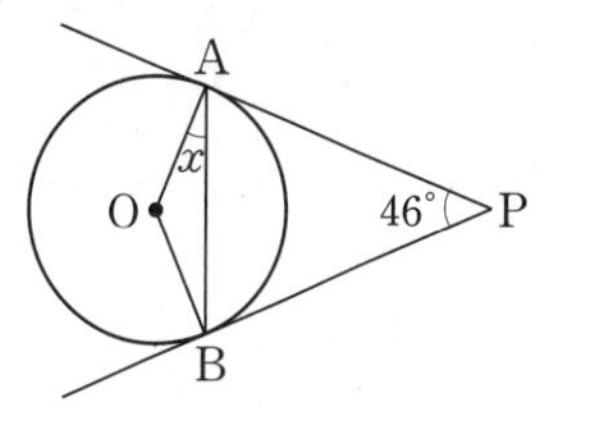

6

다음 그림에서 $\overline{PA}$, $\overline{PB}$는 원 O의 접선이고 두 점 A, B는 그 접점이다. $\overline{PC}=6\,\text{cm}$, $\overline{OB}=4\,\text{cm}$일 때, $\overline{PA}$의 길이를 구하시오.

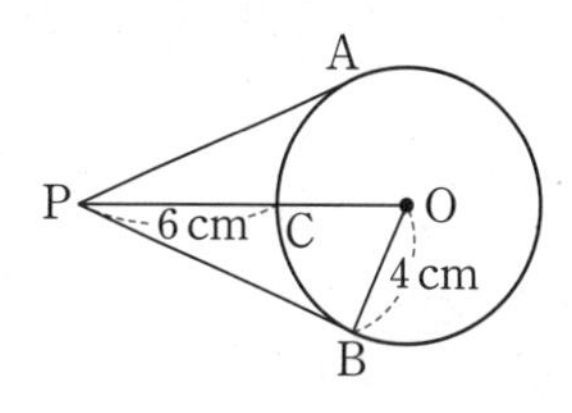

⑰ 원의 접선의 성질의 응용

1

아래 그림에서 세 점 A, B, D가 원 O의 접점일 때, 다음은 $\overline{CE}$의 길이를 구하는 과정이다. □ 안에 알맞은 수를 쓰시오.

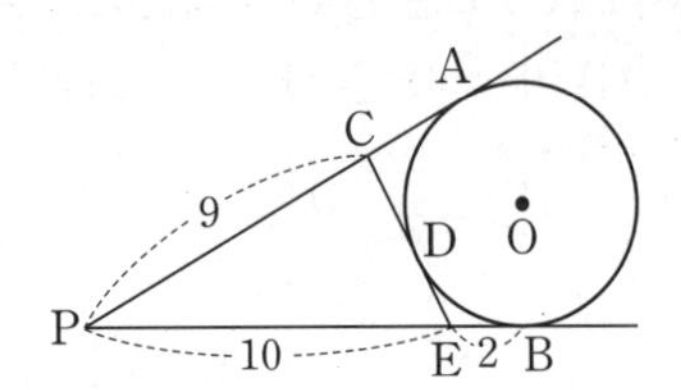

$\overline{PA}=\overline{PB}=10+\square=\square$이므로
$\overline{CD}=\overline{CA}=\overline{PA}-\overline{PC}$
$=\square-9=\square$
$\overline{ED}=\overline{EB}=2$
$\therefore \overline{CE}=\overline{CD}+\overline{DE}=\square+2=\square$

2

다음 그림에서 세 점 A, B, D가 원 O의 접점일 때, x의 값을 구하시오.

(1)

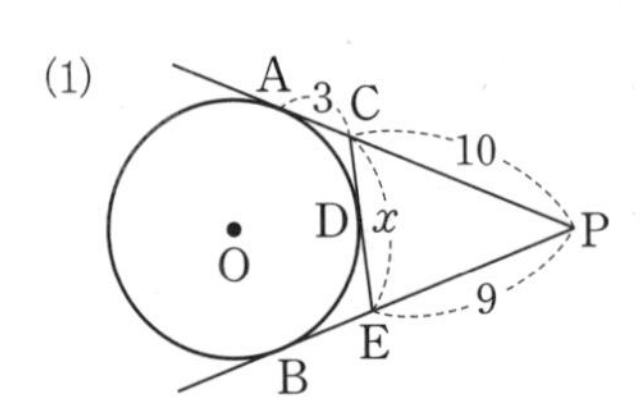

(2)

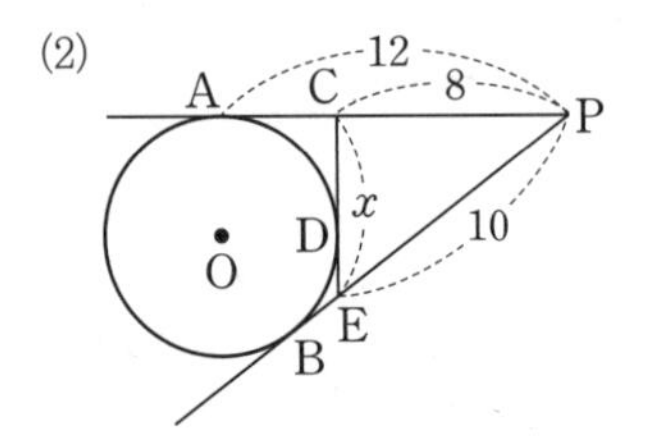

(3)

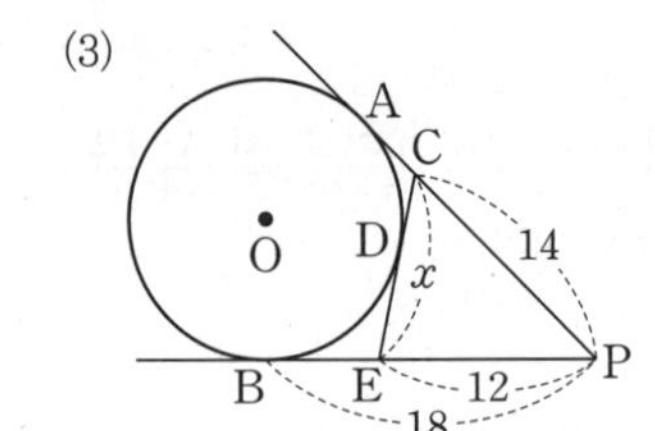

3

오른쪽 그림에서 $\overline{AD}$, $\overline{BC}$, $\overline{CD}$가 원 O의 접선이고 세 점 A, B, P가 그 접점일 때, 다음은 $\overline{AB}$의 길이를 구하는 과정이다. □ 안에 알맞은 수를 쓰시오.

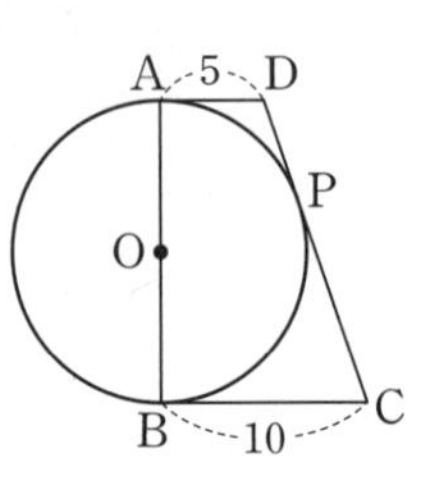

다음 그림과 같이 점 D에서 $\overline{BC}$에 내린 수선의 발을 H라 하자.

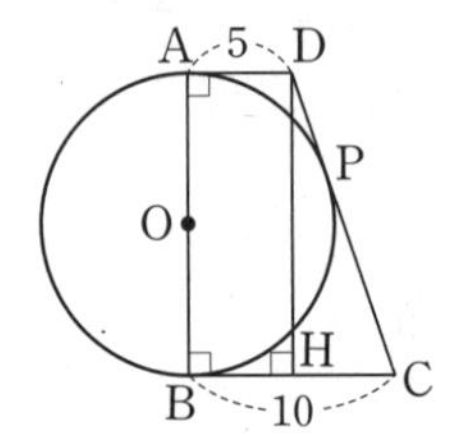

$\overline{DP}=\overline{DA}=\square$, $\overline{CP}=\overline{CB}=\square$이므로
$\overline{DC}=\overline{DP}+\overline{CP}=\square$
$\overline{BH}=\overline{AD}=\square$이므로
$\overline{HC}=\overline{BC}-\overline{BH}=\square$
따라서 △DHC에서
$\overline{DH}=\sqrt{\square^2-\square^2}=\square$
$\therefore \overline{AB}=\overline{DH}=\square$

4

아래 그림에서 $\overline{AD}$, $\overline{BC}$, $\overline{CD}$는 반원 O의 접선이고 세 점 A, B, P는 그 접점이다. 점 D에서 $\overline{BC}$에 내린 수선의 발을 H라 할 때, 다음을 구하시오.

(1)

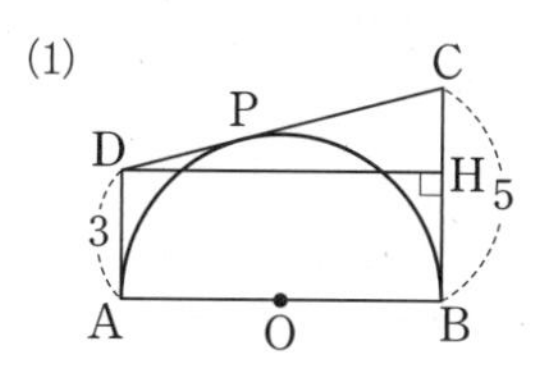

$\overline{CD}$의 길이: ____________

$\overline{CH}$의 길이: ____________

$\overline{DH}$의 길이: ____________

$\overline{AB}$의 길이: ____________

(2)

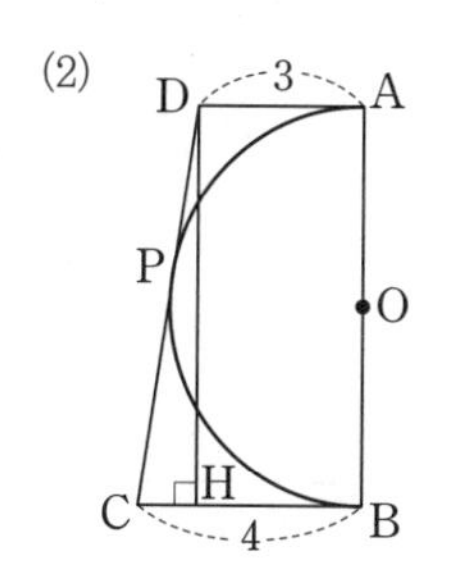

$\overline{CD}$의 길이: ____________

$\overline{CH}$의 길이: ____________

$\overline{DH}$의 길이: ____________

$\overline{AB}$의 길이: ____________

교과서 문제로 **개념다지기**

5

다음 그림에서 $\overline{PC}$, $\overline{PD}$, $\overline{AB}$는 원 O의 접선이고 세 점 C, D, E는 그 접점이다. $\overline{PA}=7\,\text{cm}$, $\overline{PB}=6\,\text{cm}$, $\overline{PD}=9\,\text{cm}$일 때, $\triangle ABP$의 둘레의 길이를 구하시오.

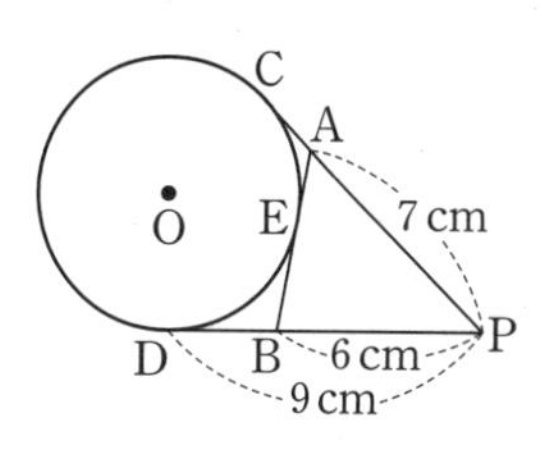

____

6

오른쪽 그림에서 $\overline{AD}$, $\overline{BC}$, $\overline{CD}$는 반원 O의 접선이고 세 점 A, B, E는 그 접점이다. $\overline{AD}=8\,\text{cm}$, $\overline{BC}=2\,\text{cm}$일 때, □ABCD의 둘레의 길이를 구하시오.

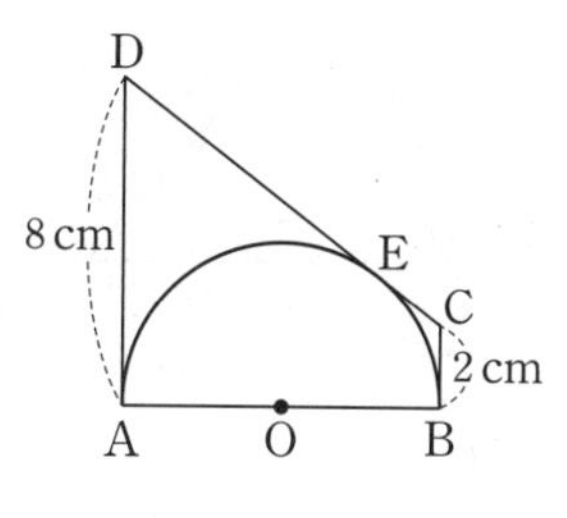

____

개념 Drill ⑱ 삼각형의 내접원

1

다음 그림에서 원 O는 △ABC의 내접원이고 세 점 D, E, F는 그 접점일 때, x, y, z의 값을 각각 구하시오.

(1)

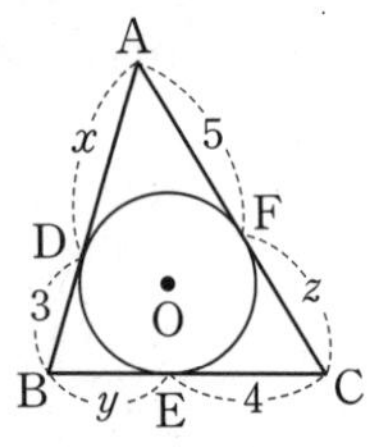

(2)

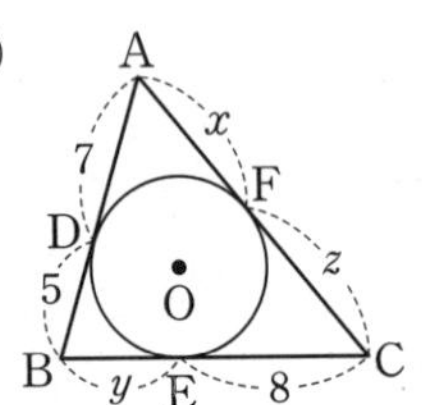

(3)

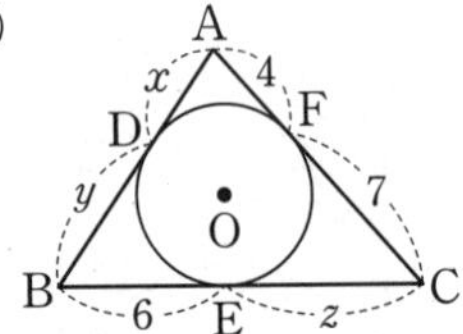

(4)

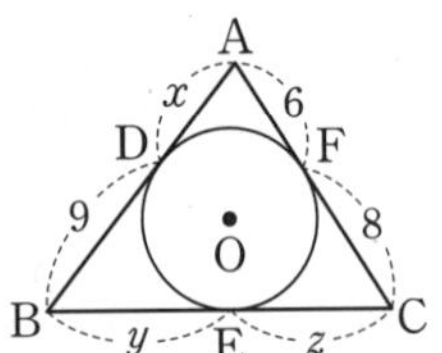

2

다음 그림에서 원 O는 △ABC의 내접원이고 세 점 D, E, F는 그 접점일 때, x의 값을 구하시오.

(1)

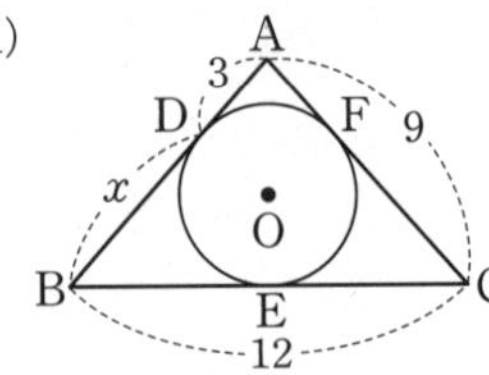

(2)

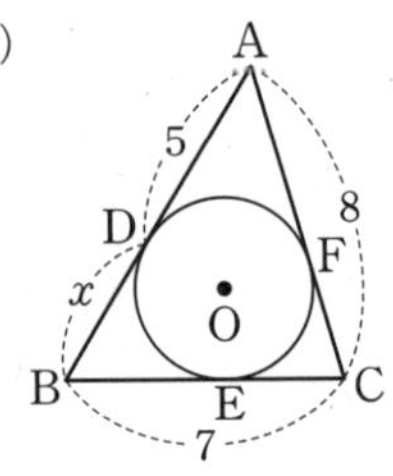

(3)

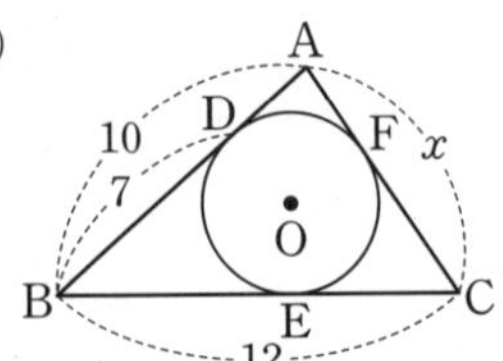

(4)

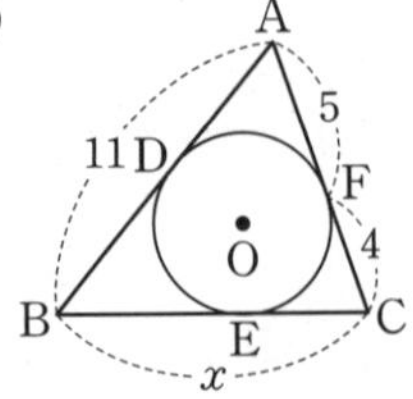

3

아래 그림에서 원 O는 △ABC의 내접원이고 세 점 D, E, F는 그 접점일 때, 다음은 $\overline{AF}$의 길이를 구하는 과정이다. □ 안에 알맞은 것을 쓰시오.

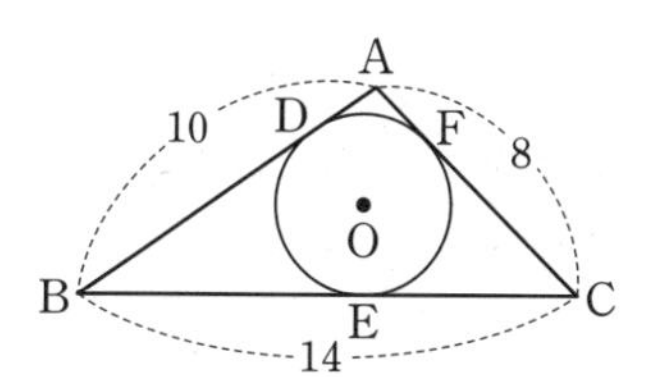

$\overline{AF}=x$라 하면 $\overline{AD}=x$이므로
$\overline{BD}=$□, $\overline{CF}=$□
$\overline{BE}=\overline{BD}$, $\overline{CE}=\overline{CF}$이므로
$\overline{BC}=($□$)+($□$)=14$
$\therefore x=$□　　$\therefore \overline{AF}=$□

4

다음 그림에서 원 O는 △ABC의 내접원이고 세 점 D, E, F는 그 접점일 때, 물음에 답하시오.

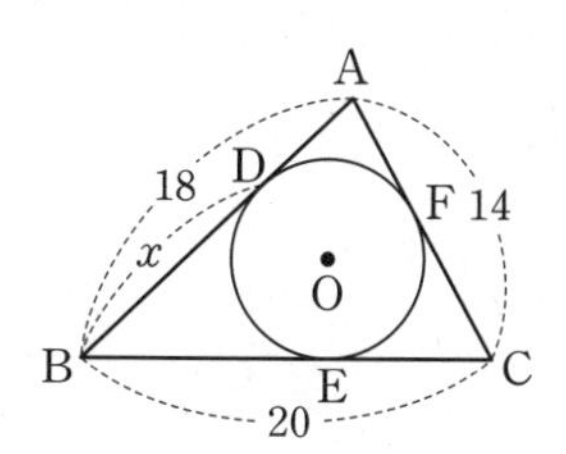

(1) $\overline{AF}$의 길이를 x를 사용하여 나타내시오.

(2) $\overline{CF}$의 길이를 x를 사용하여 나타내시오.

(3) $\overline{AF}+\overline{CF}=\overline{AC}$임을 이용하여 x의 값을 구하시오.

교과서 문제로 **개념 다지기**

5

오른쪽 그림에서 원 O는 △ABC의 내접원이고 세 점 D, E, F는 그 접점이다. $\overline{AB}=10\text{ cm}$, $\overline{AD}=3\text{ cm}$, $\overline{AC}=8\text{ cm}$일 때, $\overline{BC}$의 길이를 구하시오.

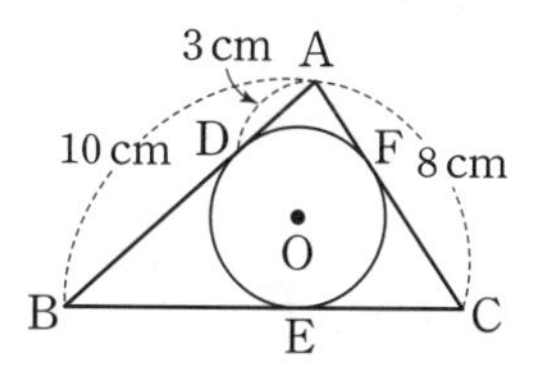

6

다음 그림에서 원 O는 △ABC의 내접원이고 세 점 D, E, F는 그 접점이다. $\overline{AB}=9\text{ cm}$, $\overline{BC}=11\text{ cm}$, $\overline{CA}=8\text{ cm}$일 때, $\overline{CE}$의 길이를 구하시오.

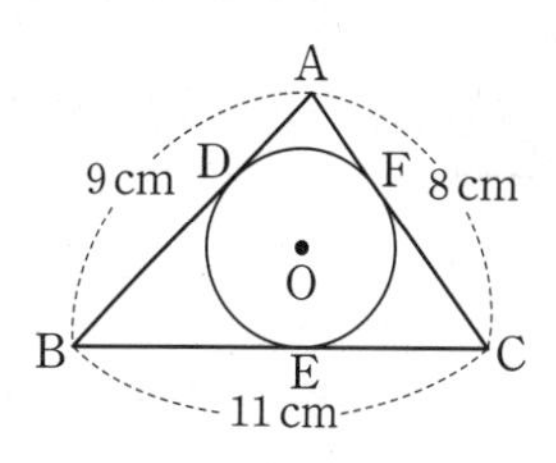

⑲ 원에 외접하는 사각형

1

다음 그림에서 □ABCD가 원 O에 외접할 때, x의 값을 구하시오.

(1)

(2)

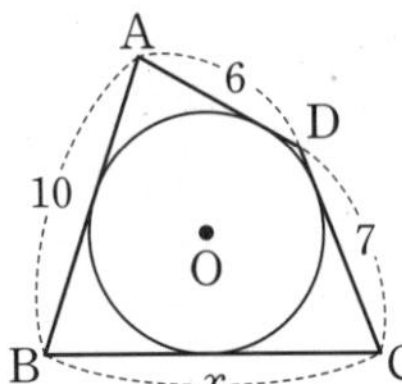

(3)

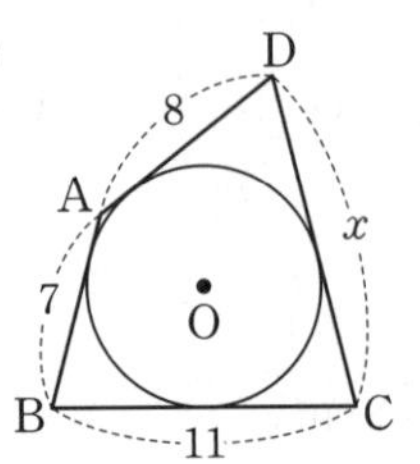

(4)

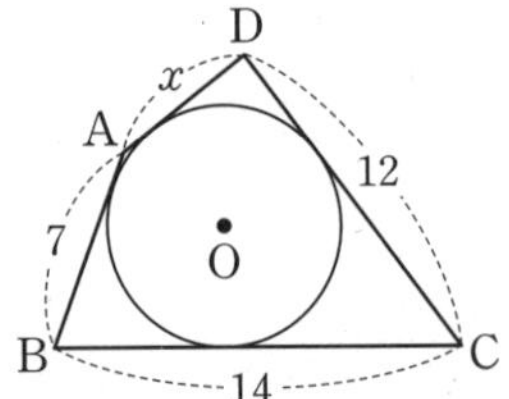

2

다음 그림에서 □ABCD가 원 O에 외접할 때, x의 값을 구하시오.

(1)

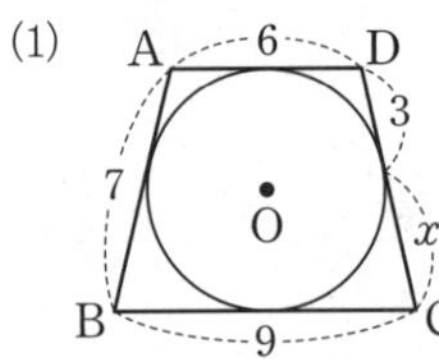

(2)

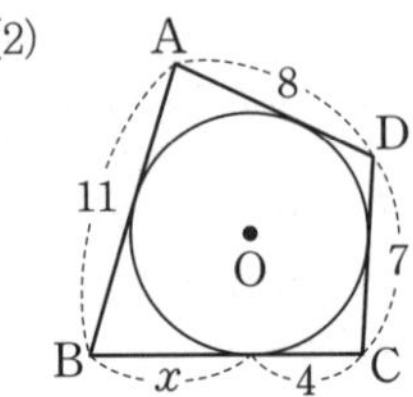

(3)

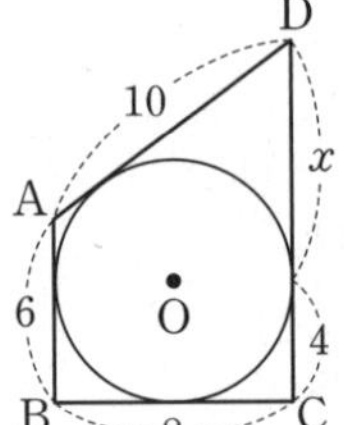

(4)

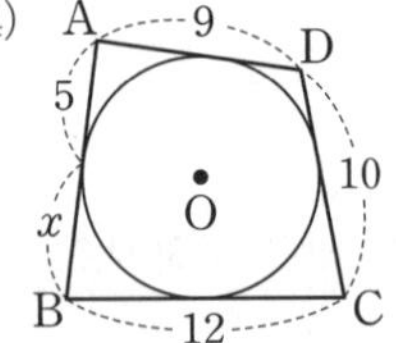

3

다음 그림에서 □ABCD가 원 O에 외접할 때, □ABCD의 둘레의 길이를 구하시오.

(1)

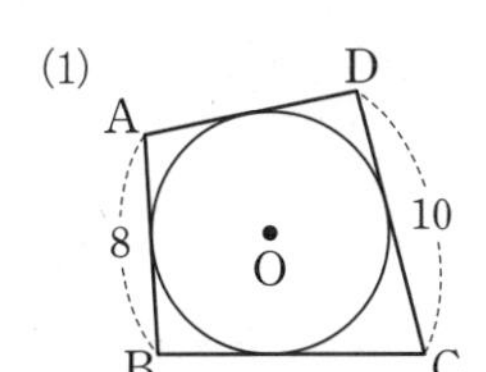

(2)

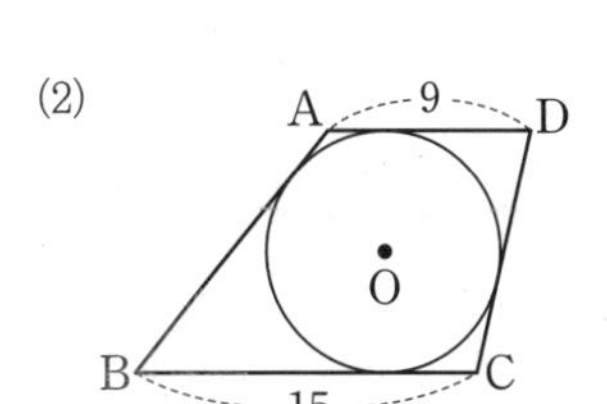

(3)

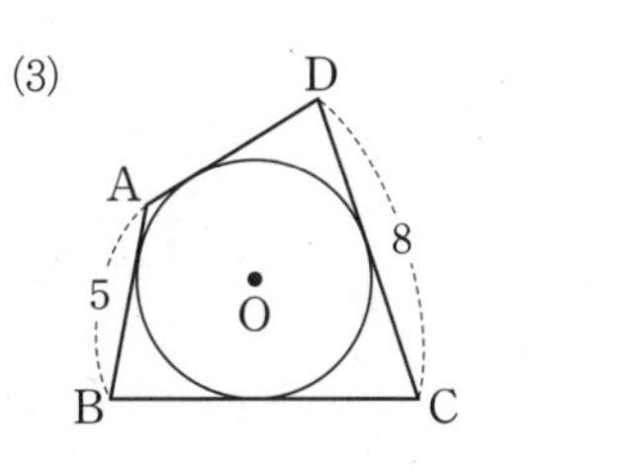

(4)

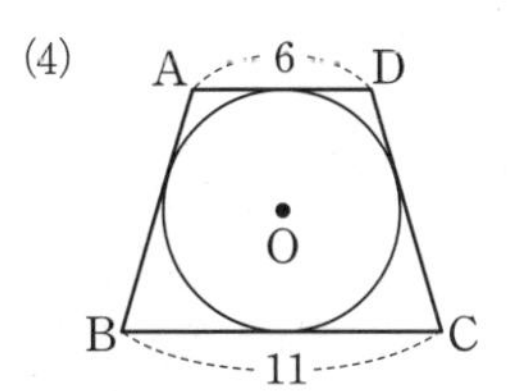

교과서 문제로 **개념 다지기**

4

오른쪽 그림에서 □ABCD는 원 O에 외접하고 네 점 P, Q, R, S는 그 접점이다. $\overline{AB}=7\,\text{cm}$, $\overline{BC}=8\,\text{cm}$, $\overline{CD}=6\,\text{cm}$이고 $\overline{BQ}=\overline{CQ}$일 때, $x+y$의 값을 구하시오.

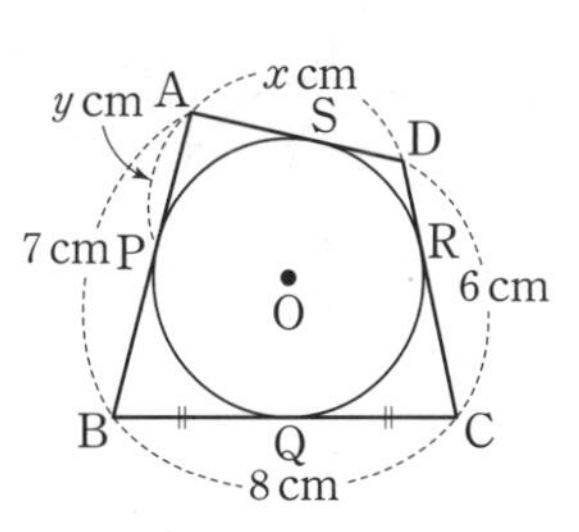

5

원 O에 외접하는 □ABCD의 네 변의 길이가 다음 그림과 같을 때, x의 값을 구하시오.

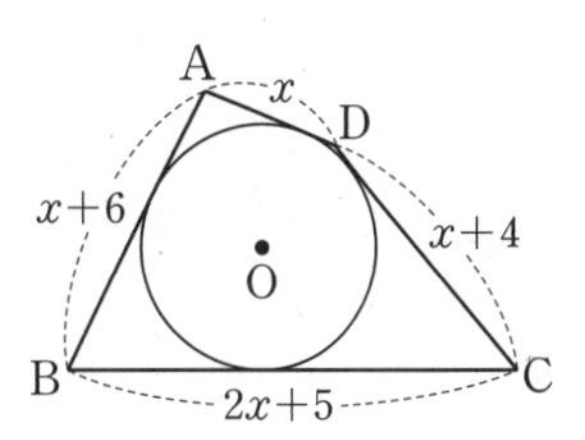

20 원주각과 중심각의 크기

1

다음 그림의 원 O에서 $\angle x$의 크기를 구하시오.

(1)

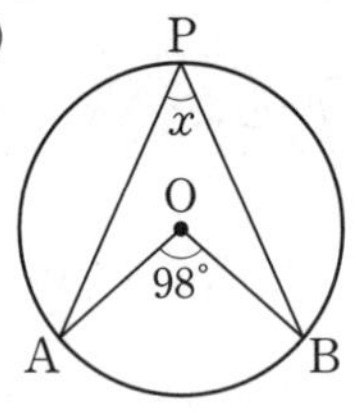

(2)

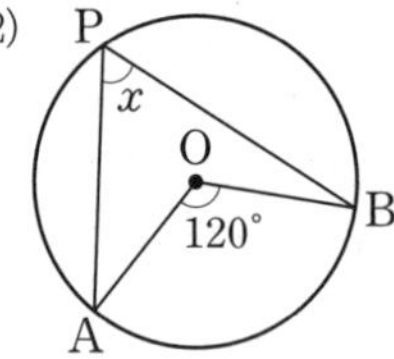

(3)

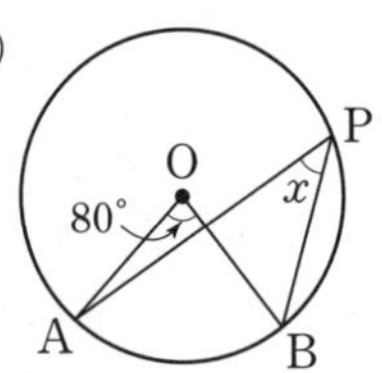

(4)

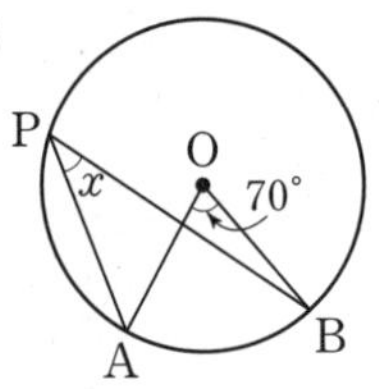

(5)

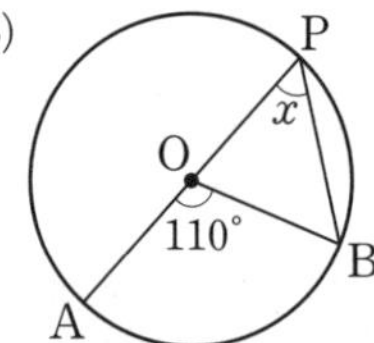

2

다음 그림의 원 O에서 $\angle x$의 크기를 구하시오.

(1)

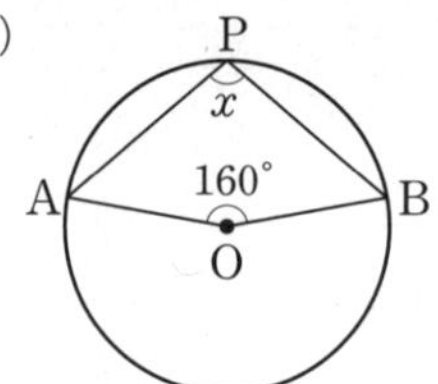

(2)

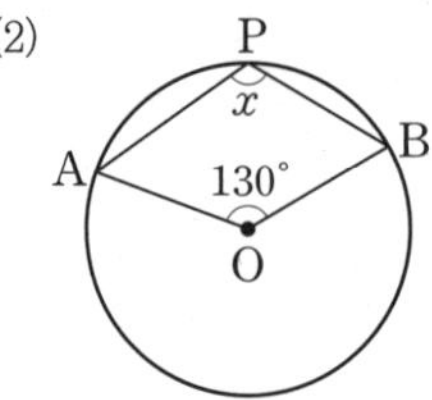

(3)

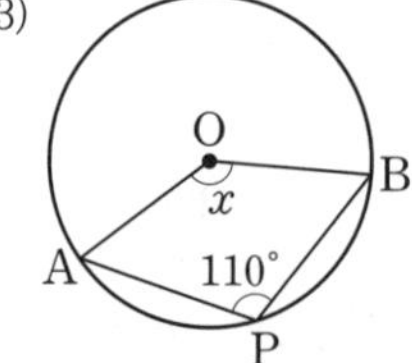

(4)

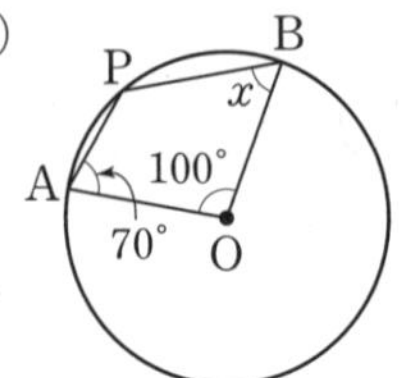

3

다음 그림의 원 O에서 $\angle x$의 크기를 구하시오.

(1)

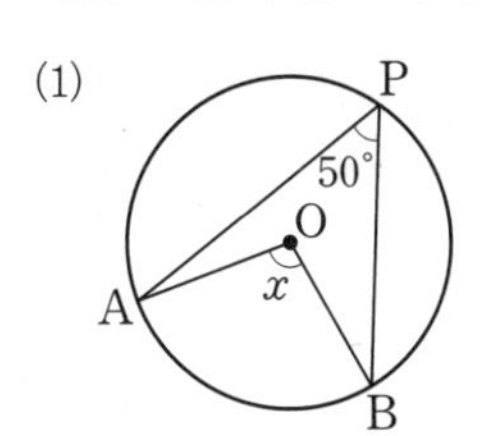

(2)

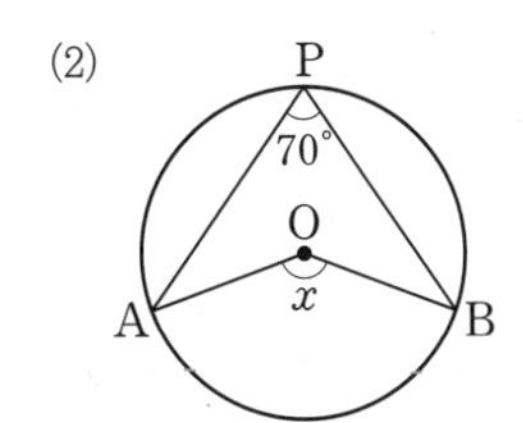

(3)

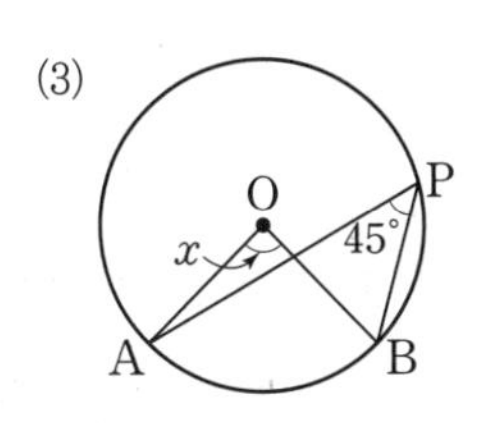

(4)

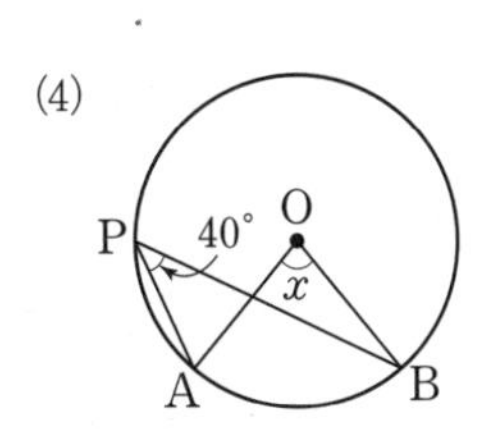

(5)

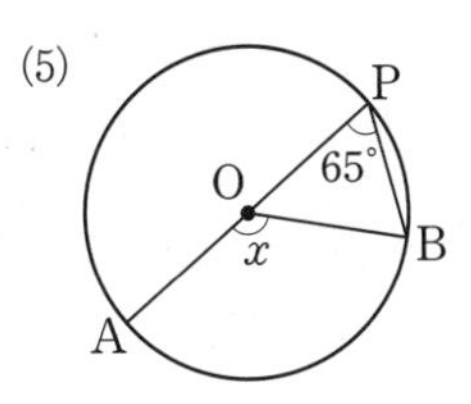

교과서 문제로 **개념 다지기**

4

오른쪽 그림의 원 O에서 $\angle AQB=85^\circ$일 때, $\angle x$, $\angle y$의 크기를 각각 구하시오.

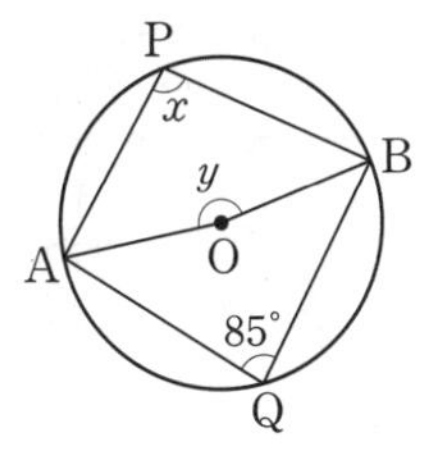

5

오른쪽 그림의 원 O에서 $\angle APB=42^\circ$일 때, $\angle x$의 크기를 구하시오.

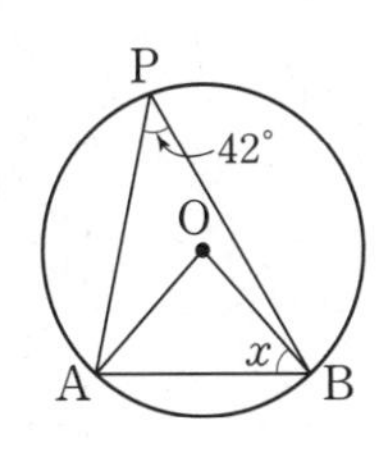

㉑ 원주각의 성질

1

아래 그림에서 다음을 구하시오.

(1)

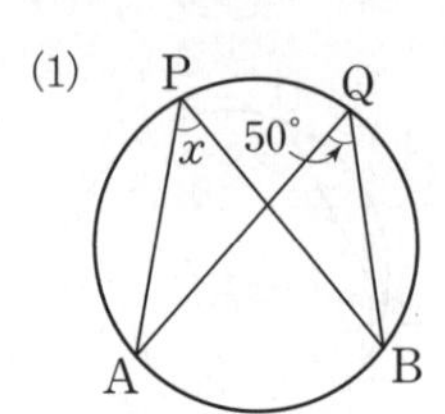

$\angle x$의 크기: ____________

(2)

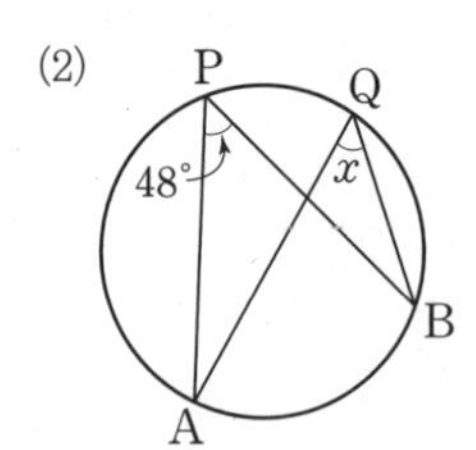

$\angle x$의 크기: ____________

(3)

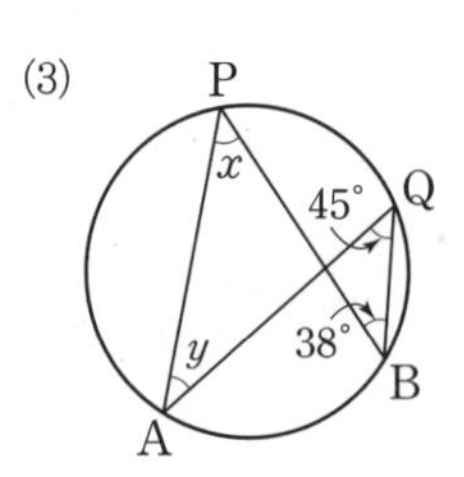

$\angle x$의 크기: ____________

$\angle y$의 크기: ____________

(4)

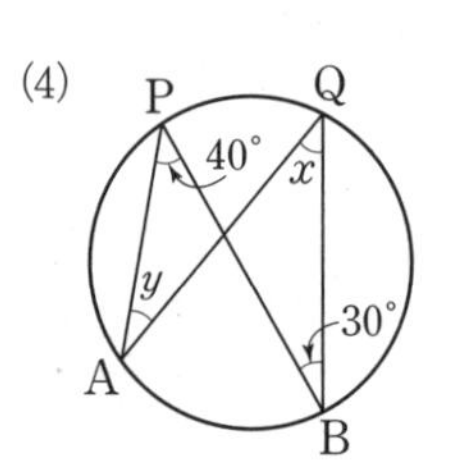

$\angle x$의 크기: ____________

$\angle y$의 크기: ____________

2

다음 그림에서 $\overline{AB}$가 원 O의 지름일 때, $\angle x$의 크기를 구하시오.

(1)

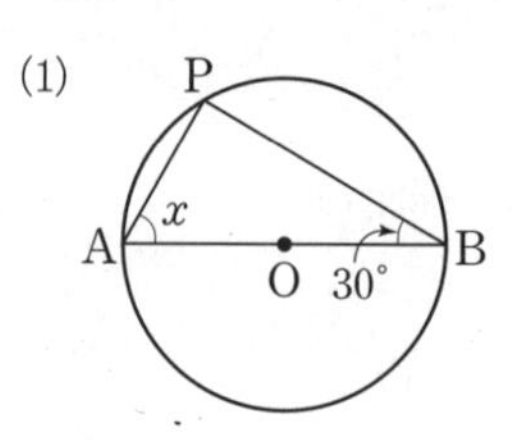

____

(2)

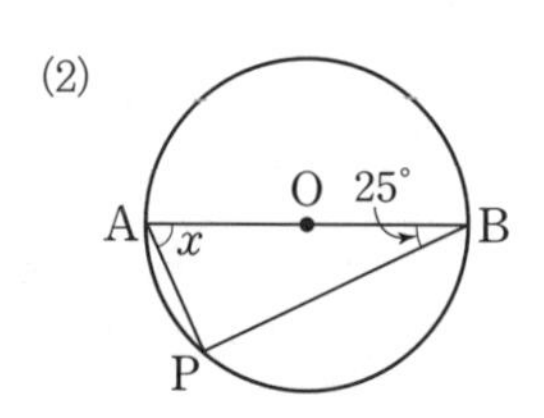

____

(3)

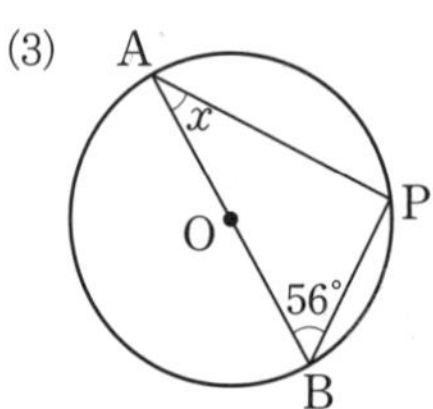

____

(4)

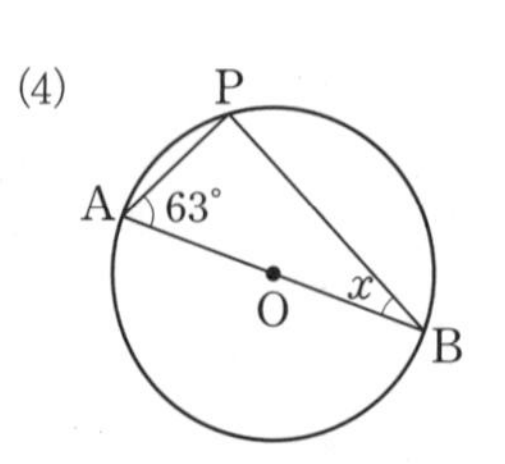

____

3

다음 그림에서 $\angle x$, $\angle y$의 크기를 각각 구하시오.

(1)

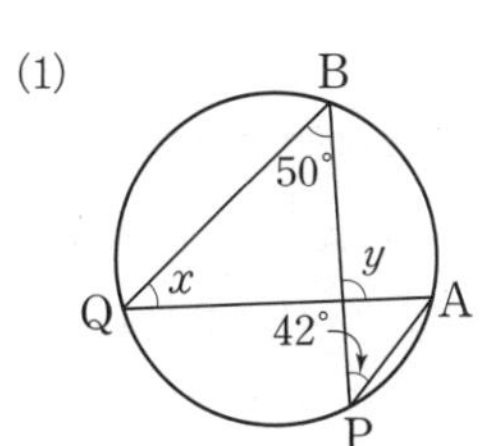

(2)

(3)

(단, $\overline{AQ}$는 원 O의 지름)

(4)

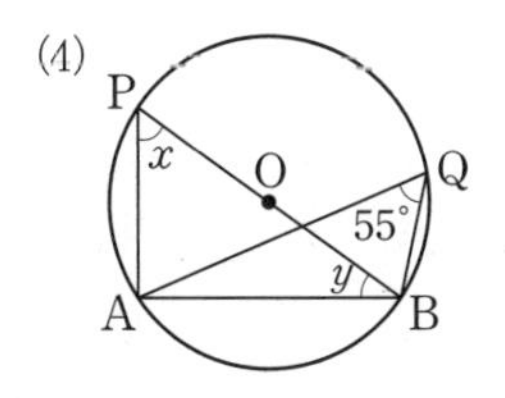

(단, $\overline{PB}$는 원 O의 지름)

교과서 문제로 **개념 다지기**

4

오른쪽 그림의 원 O에서 $\angle AQB=40^\circ$일 때, $\angle x+\angle y$의 값을 구하시오.

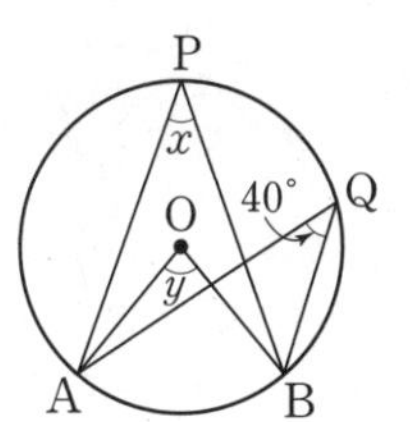

5

오른쪽 그림에서 $\overline{AB}$는 원 O의 중심을 지나고 $\angle BAD=48^\circ$, $\angle CPB=75^\circ$일 때, $\angle x$의 크기를 구하시오.

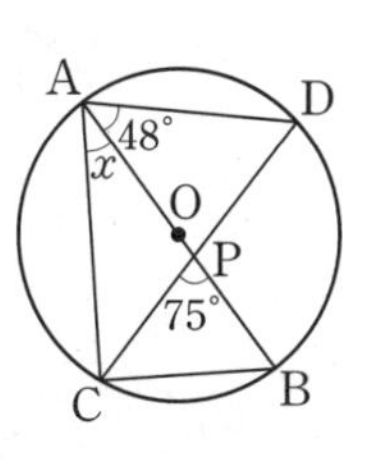

3 원주각

개념 Drill 22 원주각의 크기와 호의 길이

1

다음 그림의 원 O에서 x의 값을 구하시오.

(1)

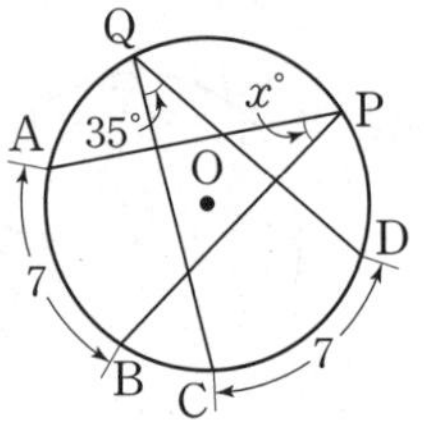

(2)

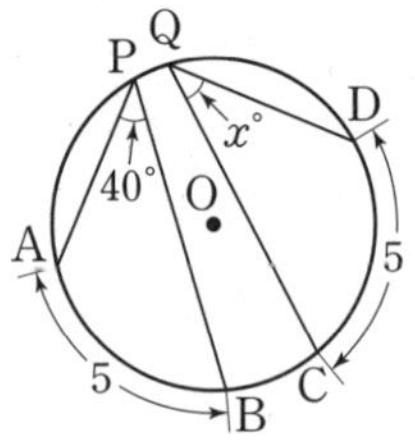

(3)

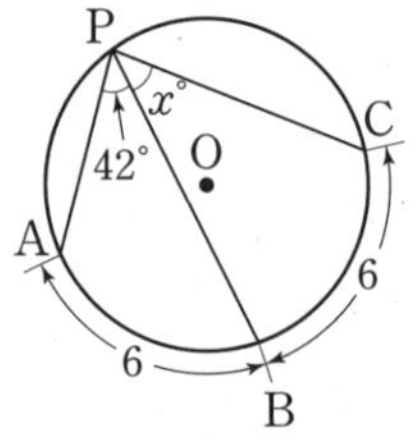

(4)

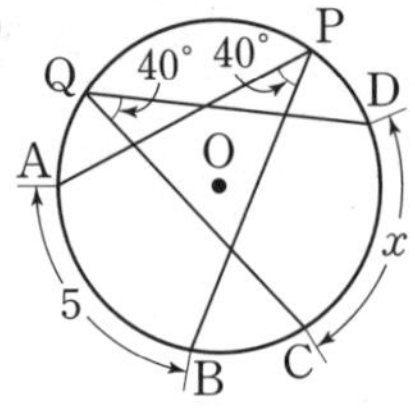

(5)

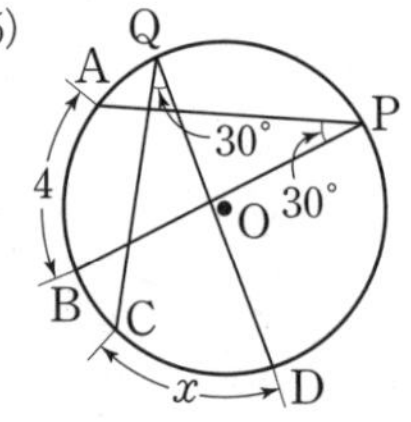

2

다음 그림의 원 O에서 x의 값을 구하시오.

(1)

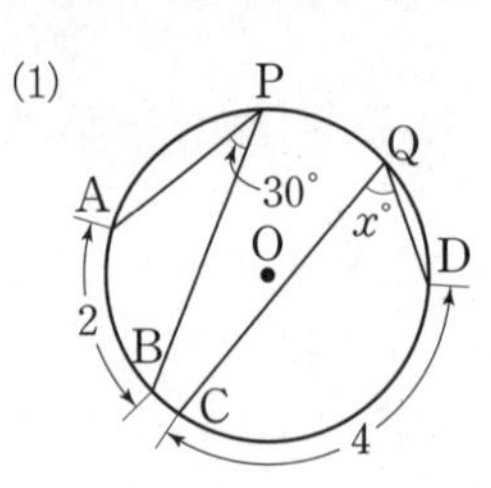

(2)

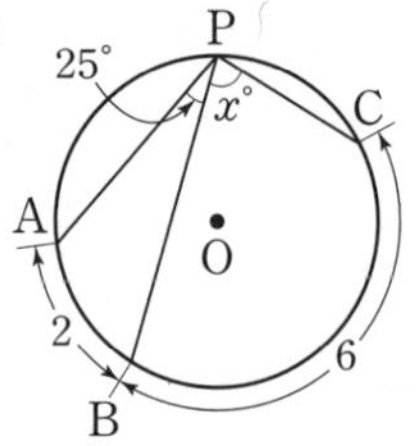

(3)

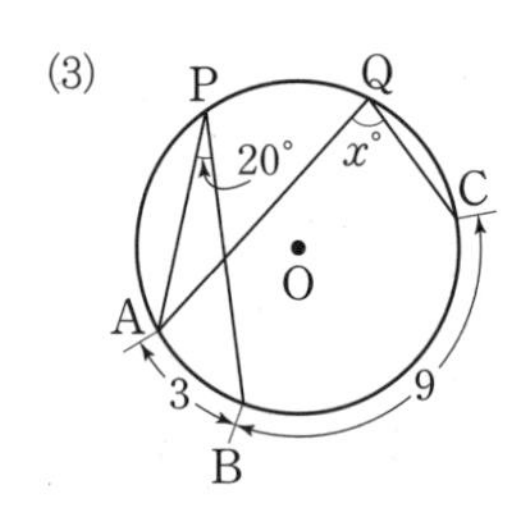

(4)

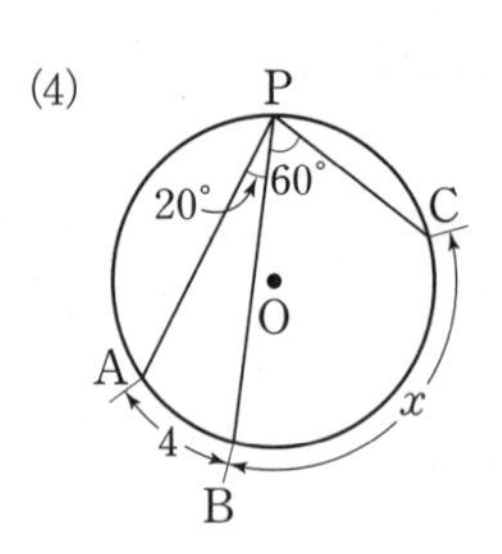

(5)

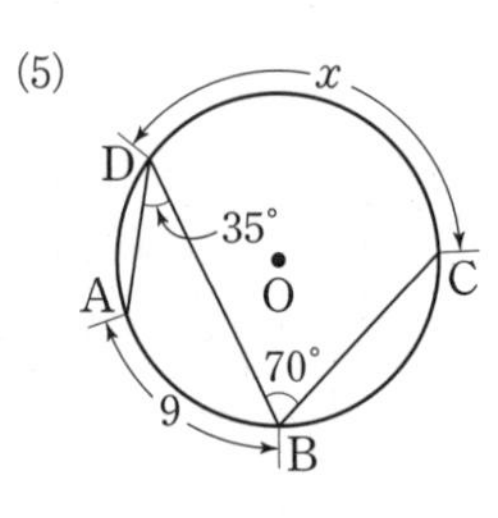

3

아래 그림의 원 O가 다음을 만족시킬 때, x의 값을 구하시오.

(1) $\widehat{AB}$의 길이는 원의 둘레의 길이의 $\frac{1}{4}$이다.

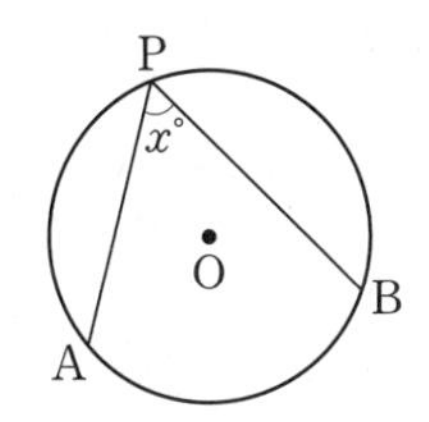

(2) $\widehat{AB}$의 길이는 원의 둘레의 길이의 $\frac{1}{3}$이다.

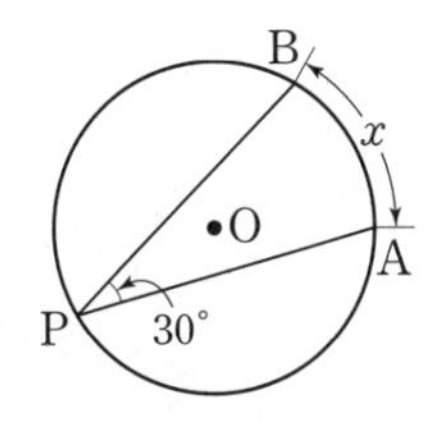

(3) 원의 둘레의 길이는 24π이다.

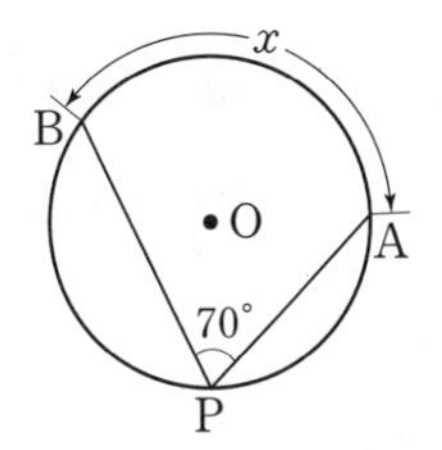

(4) 원의 둘레의 길이는 36π이다.

x
B
O
A
70°
P

교과서 문제로 **개념 다지기**

4

오른쪽 그림에서 $\overline{AB}$는 반원 O의 지름이고 $\widehat{BC}=\widehat{CD}$, $\angle DAC=20°$일 때, $\angle ABC$의 크기를 구하시오.

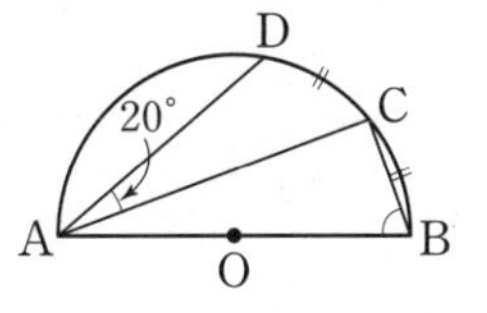

5

오른쪽 그림의 원 O에서 $\widehat{AB} : \widehat{BC} : \widehat{CA}=2 : 3 : 4$일 때, | 보기 |와 같은 방법으로 다음을 구하시오.

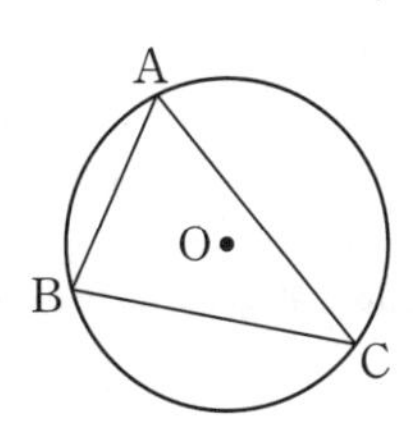

| 보기 |

$$\angle A=180° \times \frac{3}{2+3+4}=60°$$

(1) $\angle B$의 크기

(2) $\angle C$의 크기

개념 Drill 23 네 점이 한 원 위에 있을 조건 - 원주각

1

다음 그림에서 네 점 A, B, C, D가 한 원 위에 있으면 ○표, 한 원 위에 있지 않으면 ×표를 (　) 안에 쓰시오.

(1)

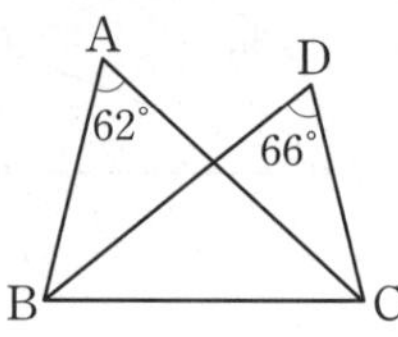

(　　)

(2)

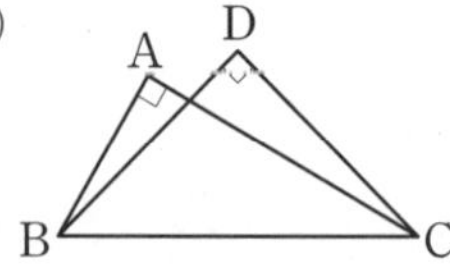

(　　)

(3)

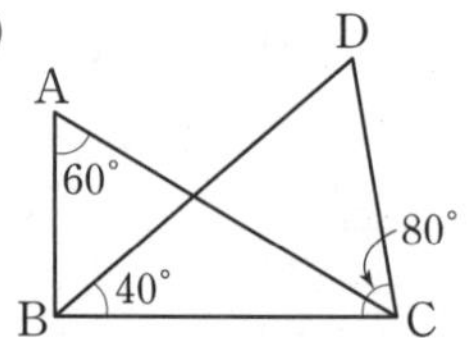

(　　)

(4)

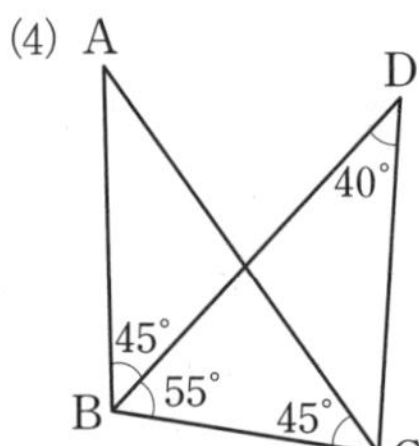

(　　)

2

다음 그림에서 네 점 A, B, C, D가 한 원 위에 있도록 하는 $\angle x$의 크기를 구하시오.

(1)

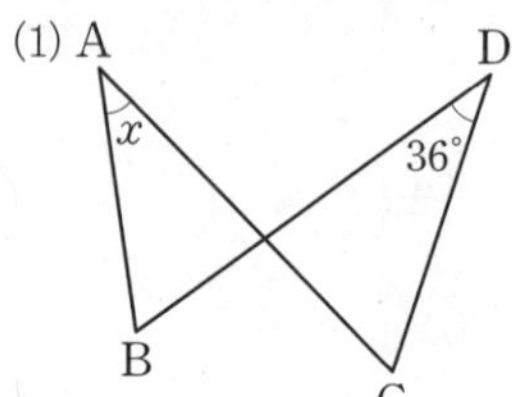
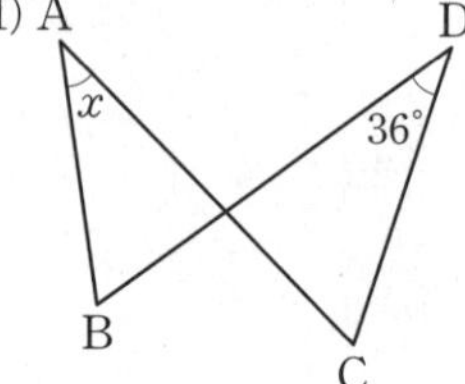

______

(2)

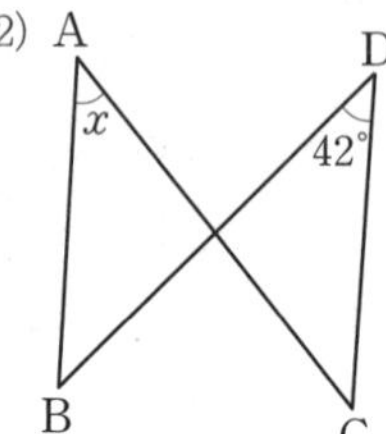

______

(3)

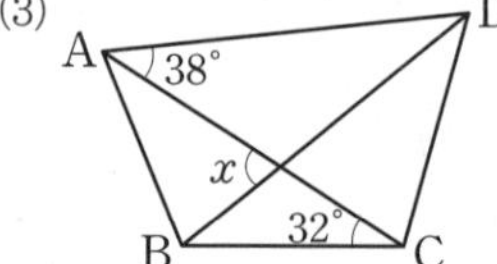

______

(4)

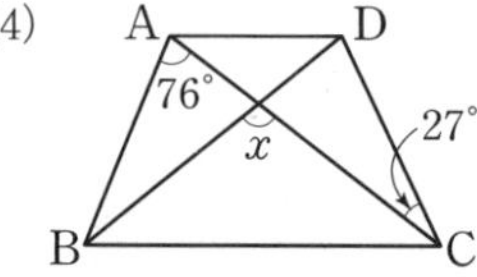

______

(5)

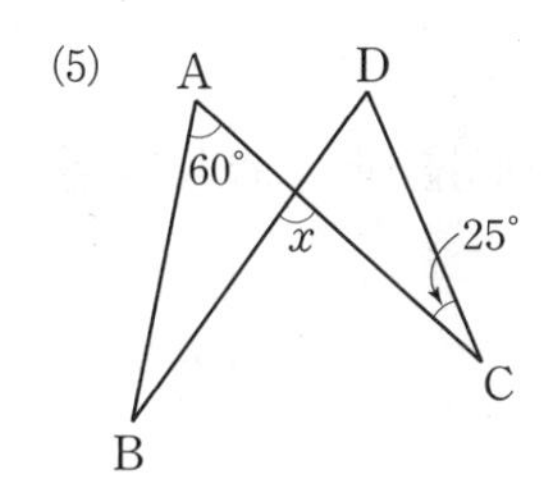

(6)

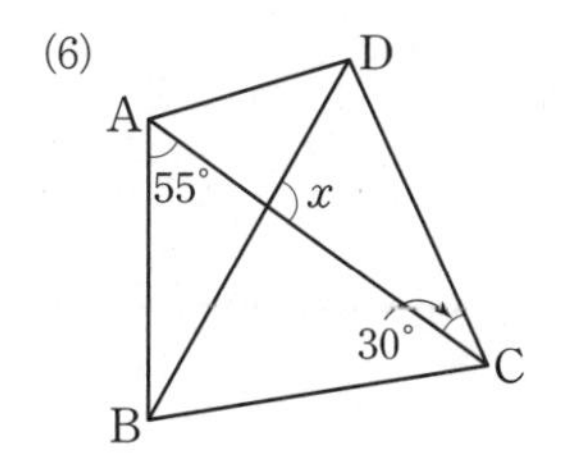

(7)

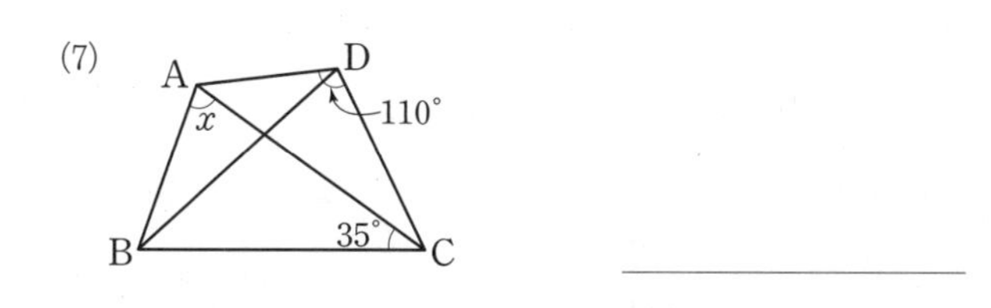

(8)

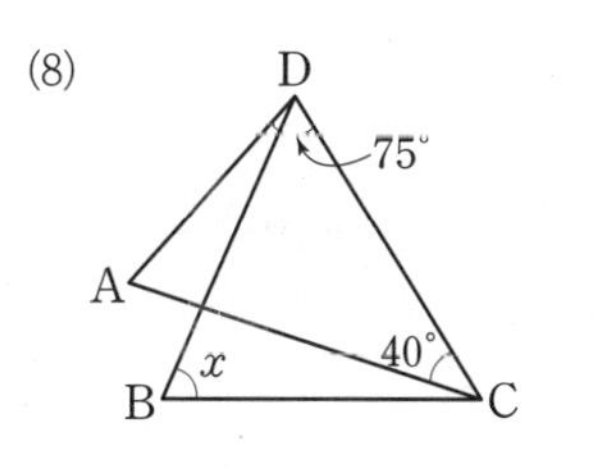

교과서 문제로 **개념 다지기**

3

오른쪽 그림에서 네 점 A, B, C, D가 한 원 위에 있을 때, $\angle x$의 크기를 구하시오.

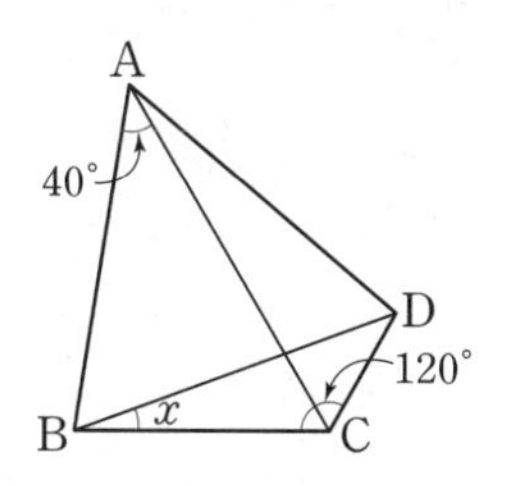

4

오른쪽 그림에서 네 점 A, B, C, D가 한 원 위에 있을 때, $\angle x$, $\angle y$의 크기를 각각 구하시오.

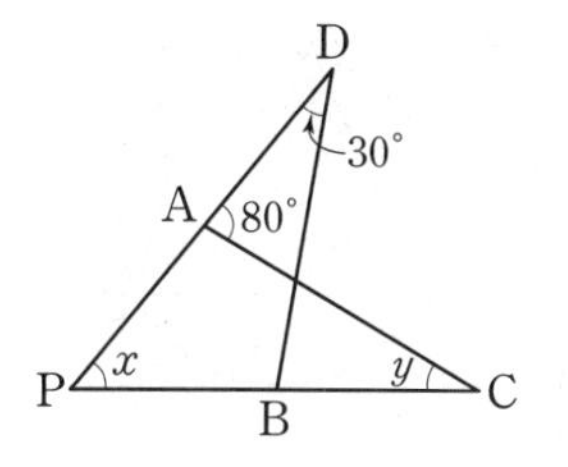

개념 Drill 24 원에 내접하는 사각형의 성질

1

다음 그림에서 □ABCD가 원에 내접할 때, $\angle x$, $\angle y$의 크기를 각각 구하시오.

(1)

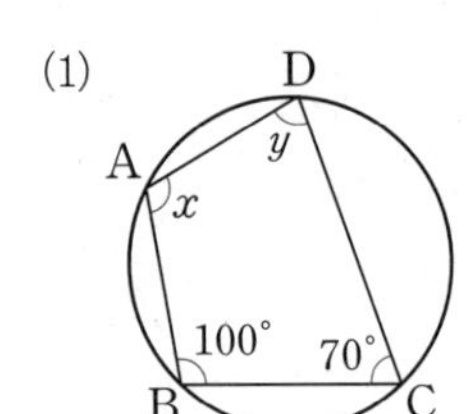

(2)

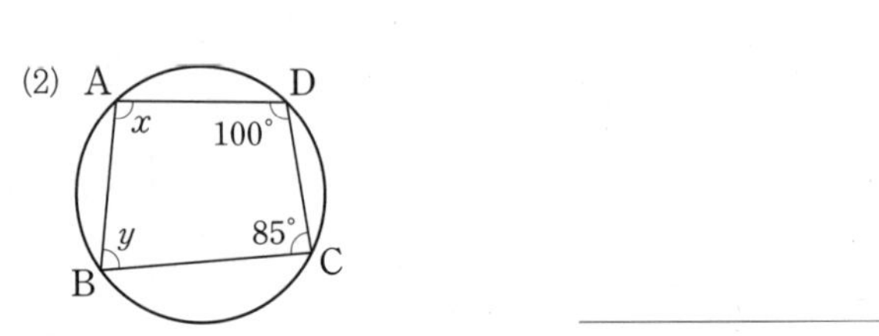

(3)

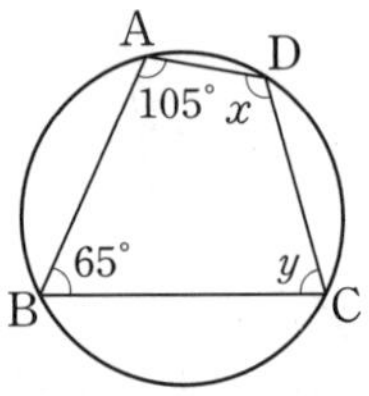

(4)

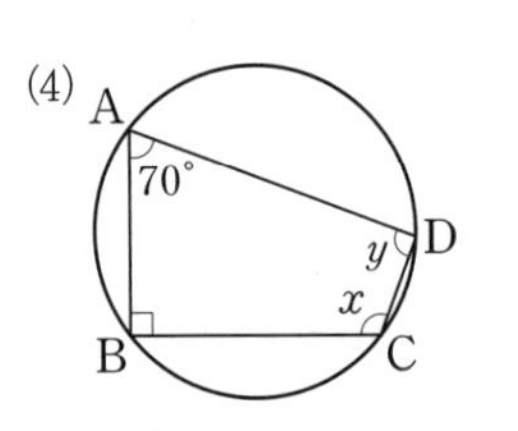

2

다음 그림에서 □ABCD가 원에 내접할 때, $\angle x$의 크기를 구하시오.

(1)

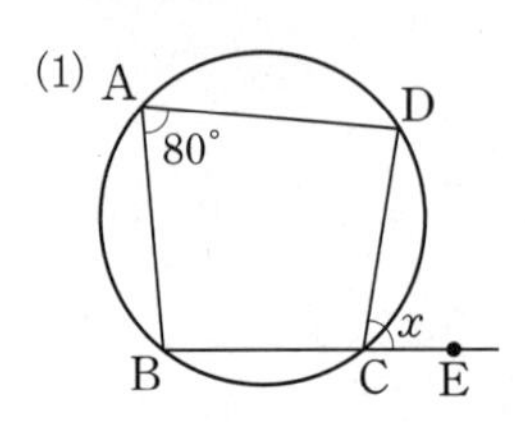

(2)

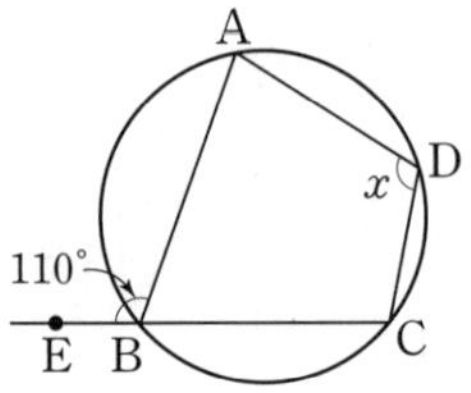

(3)

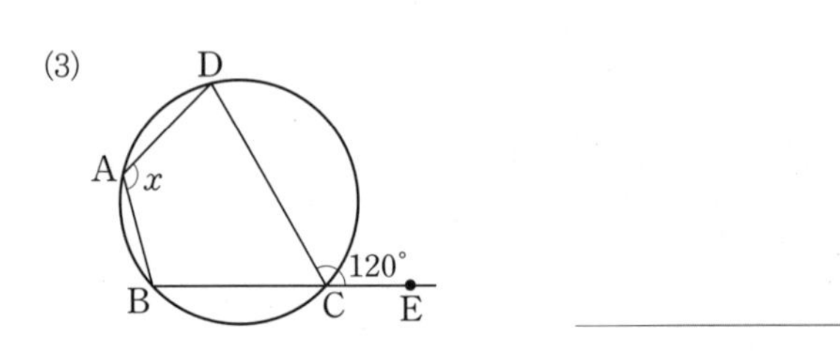

(4)

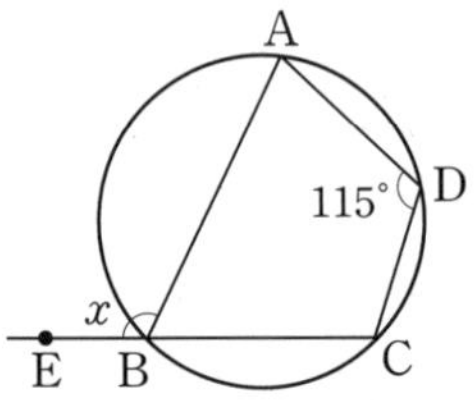

3

다음 그림에서 □ABCD가 원에 내접할 때, $\angle x$, $\angle y$의 크기를 각각 구하시오.

(1)

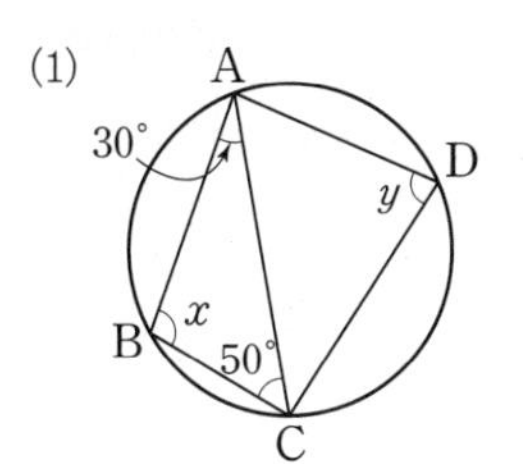

(2)

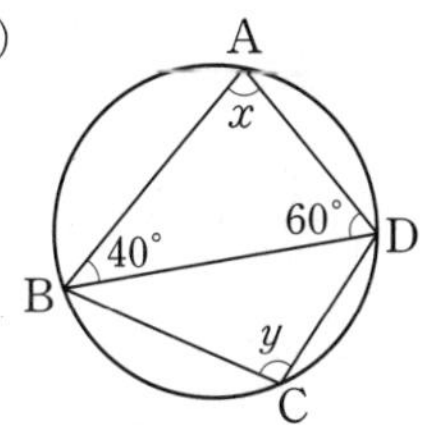

(3)

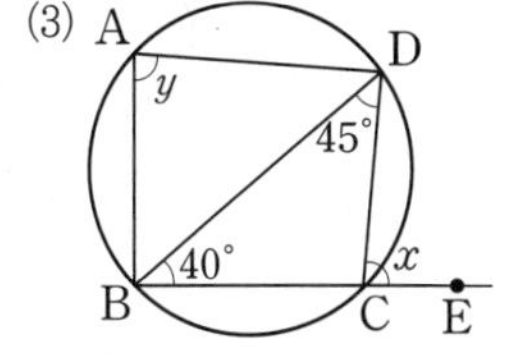

(4)

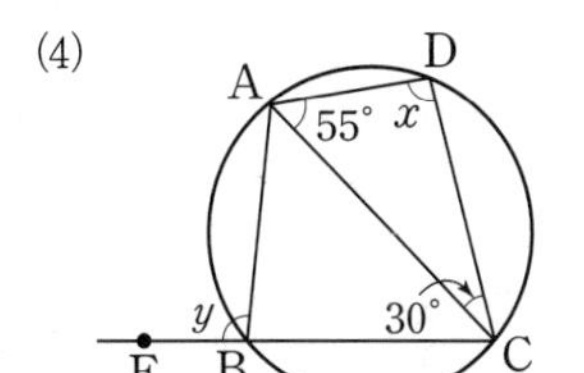

교과서 문제로 개념 다지기

4

오른쪽 그림에서 □ABCD가 원에 내접하고 $\angle D=94°$, $\angle DCE=88°$일 때, $\angle x-\angle y$의 값을 구하시오.

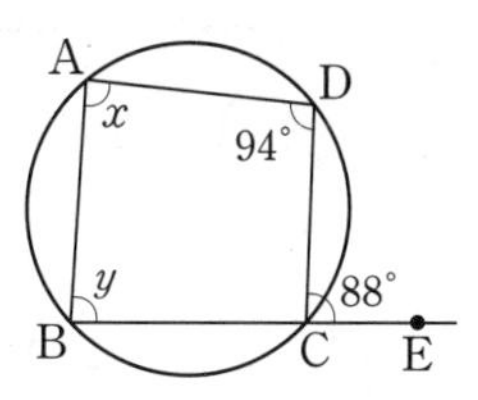

5

오른쪽 그림과 같이 □ABCD가 원 O에 내접하고 $\angle BOD=126°$일 때, $\angle DCE$의 크기를 구하시오.

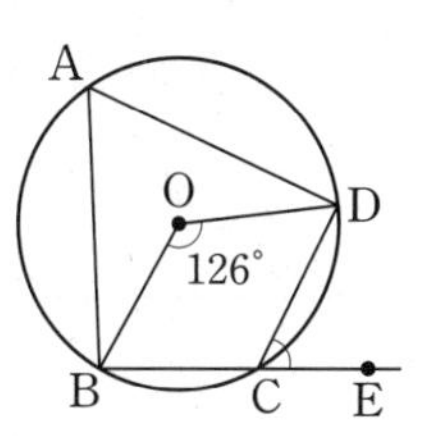

개념 Drill ㉕ 사각형이 원에 내접하기 위한 조건

1

다음 그림에서 □ABCD가 원에 내접하면 ○표, 내접하지 않으면 ×표를 ( ) 안에 쓰시오.

(1)

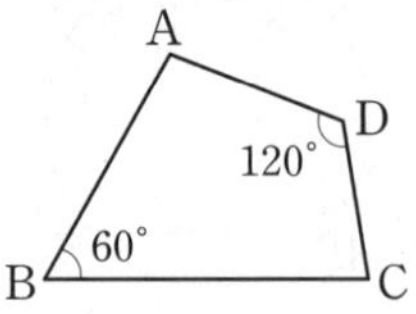

A, D, 120°, 60°, B, C

( )

(2)

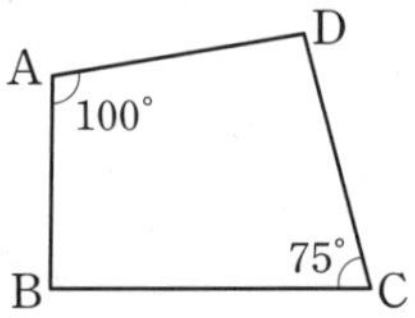

A, D, 100°, 75°, B, C

( )

(3)

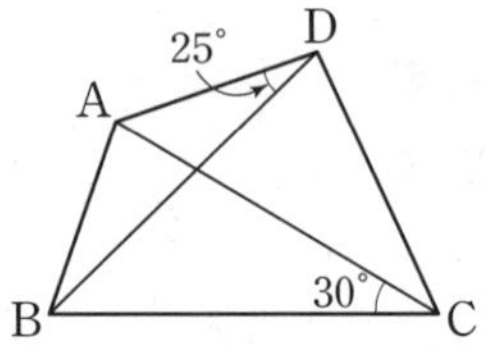

25°, D, A, 30°, B, C

( )

(4)

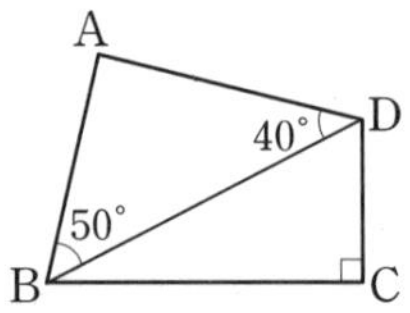

A, D, 40°, 50°, B, C

( )

(5)

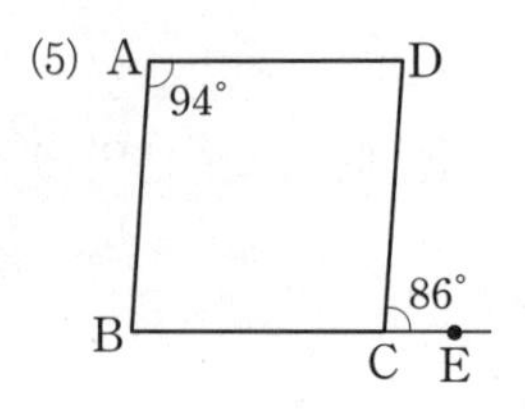

( )

(6)

D, A, 102°, 102°, B, C, E

( )

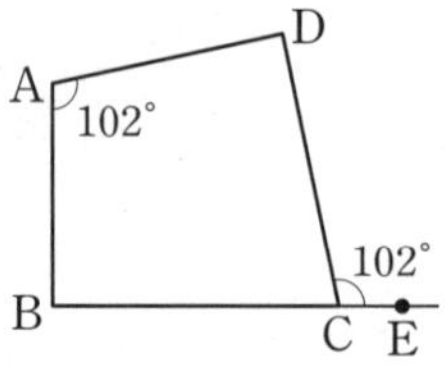

2

다음 그림에서 □ABCD가 원에 내접하도록 하는 $\angle x$의 크기를 구하시오.

(1)

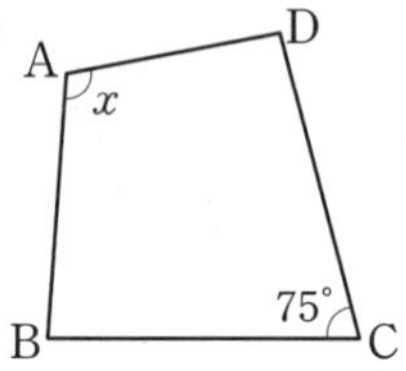

A, D, x, 75°, B, C

____

(2)

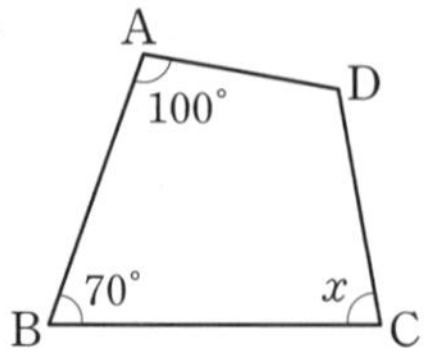

A, D, 100°, 70°, x, B, C

____

(3)

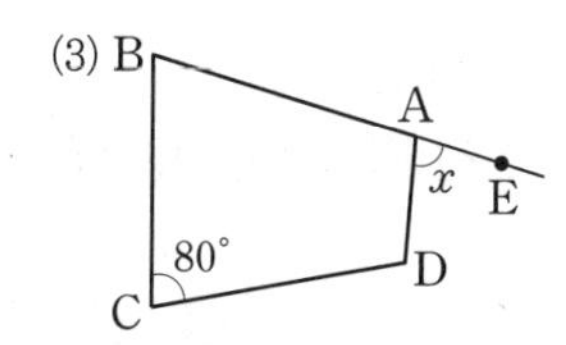

(4)

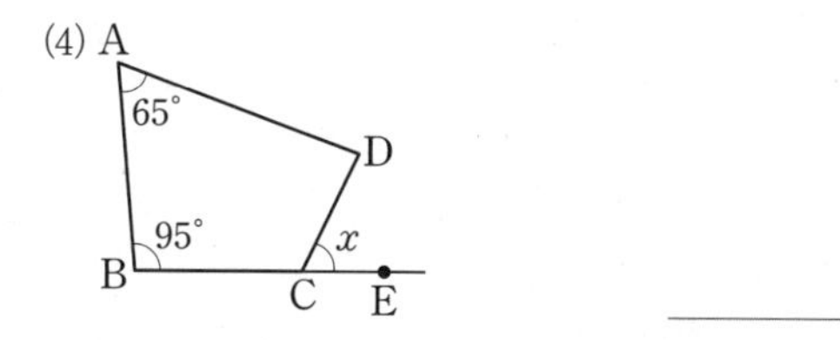

(5)

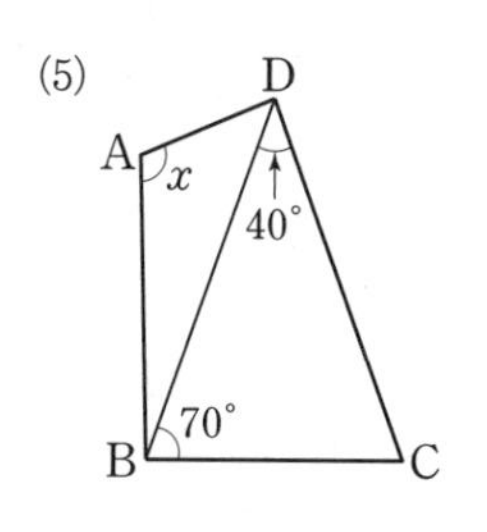

(6)

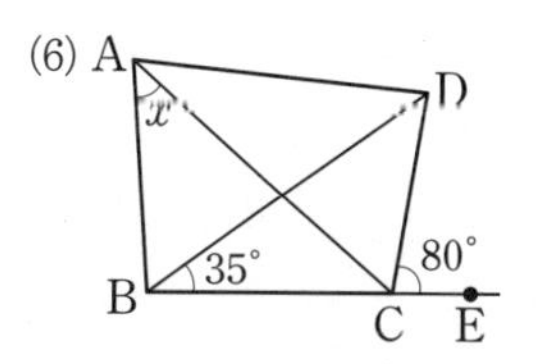

교과서 문제로 **개념 다지기**

3

오른쪽 그림의 □ABCD가 원에 내접하도록 하는 $\angle x$, $\angle y$의 크기를 각각 구하시오.

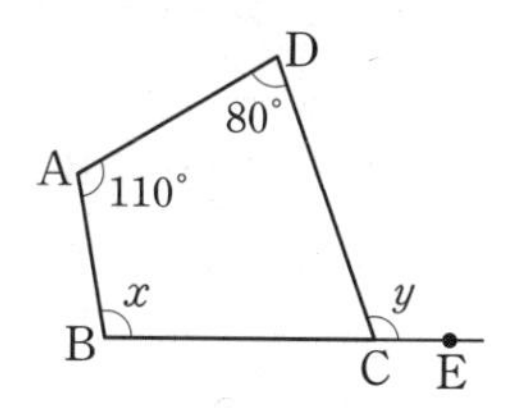

4

다음 | 보기 | 중 □ABCD가 원에 내접하는 것을 모두 고르시오.

보기

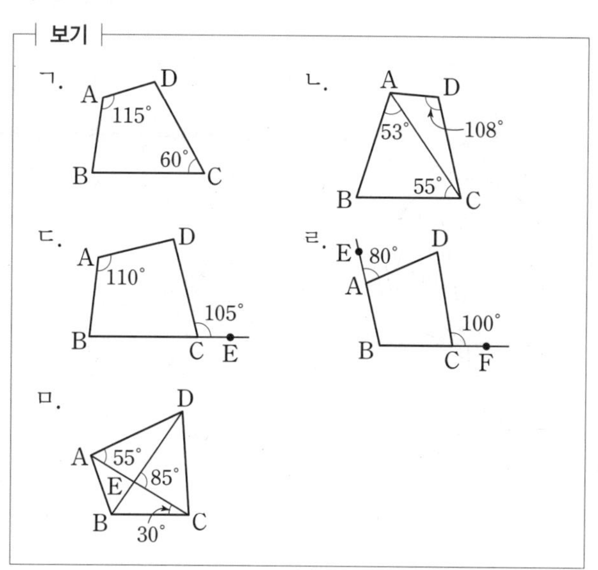

개념 Drill 26 원의 접선과 현이 이루는 각

1

다음 그림에서 $\overleftrightarrow{PT}$는 원의 접선이고 점 P는 그 접점일 때, $\angle x$의 크기를 구하시오.

(1)

(2)

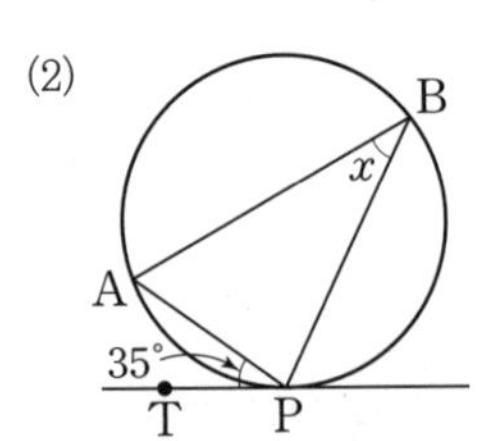

(3)

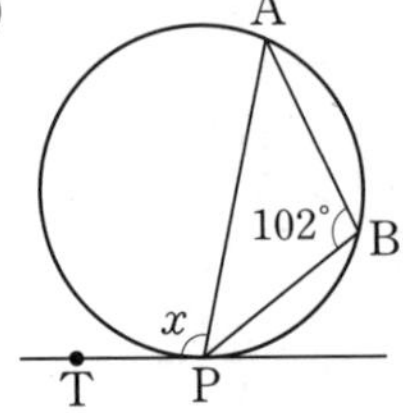

(4)

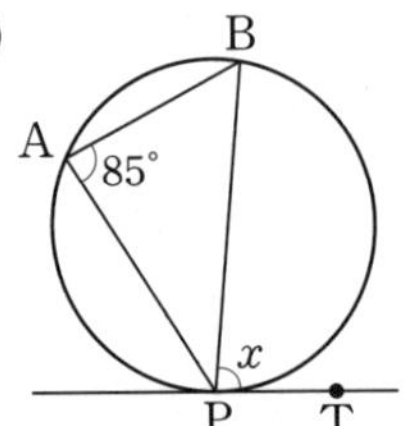

2

다음 그림에서 $\overleftrightarrow{PT}$는 원의 접선이고 점 P는 그 접점일 때, $\angle x$의 크기를 구하시오.

(1)

(2)

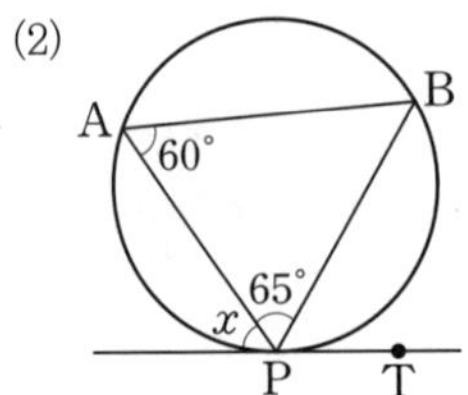

(3)

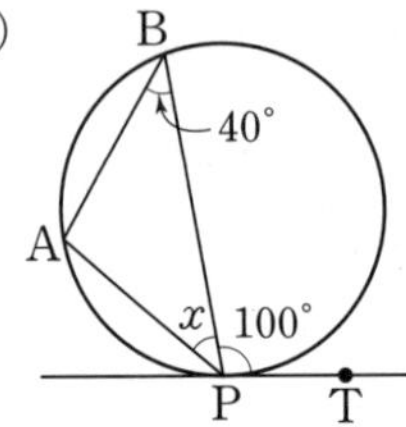

(4)

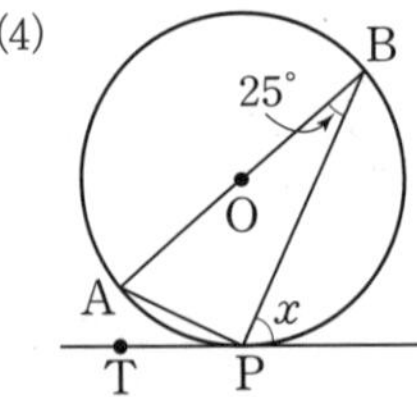

(단, $\overline{AB}$는 원 O의 지름)

3

다음 그림에서 $\overleftrightarrow{PT}$는 원의 접선이고 점 P는 그 접점일 때, $\angle x$의 크기를 구하시오.

(1)

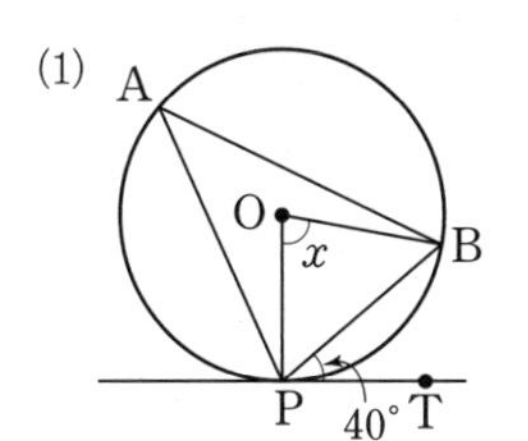

(2)

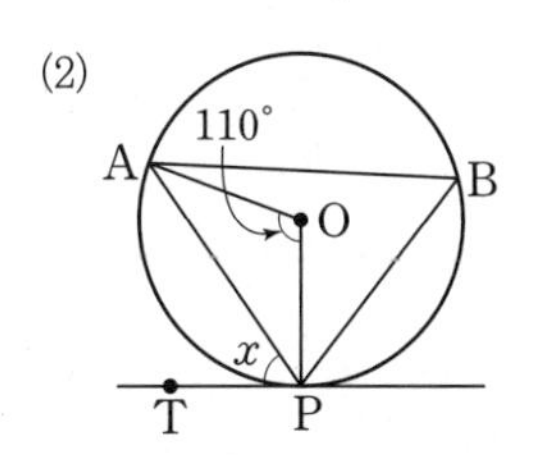

교과서 문제로 **개념 다지기**

4

오른쪽 그림에서 $\overleftrightarrow{TT'}$은 원의 접선이고 점 A는 그 접점이다.
$\angle ACB=65^\circ$, $\angle CAT=50^\circ$일 때, $\angle x+\angle y$의 값을 구하시오.

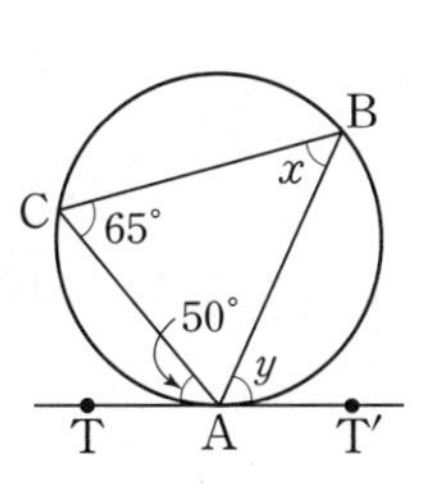

5

오른쪽 그림에서 $\overleftrightarrow{PQ}$는 원의 접선이고 점 D는 그 접점이다.
$\angle ACD=35^\circ$, $\angle CDP=50^\circ$일 때, $\angle B$의 크기를 구하시오.

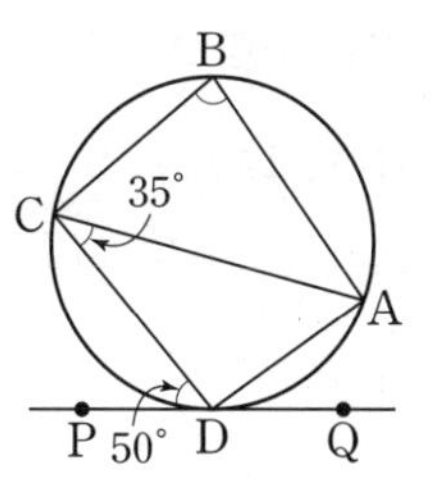

6

다음 그림에서 $\overleftrightarrow{PT}$는 원 O의 접선이고 점 P는 그 접점이다. $\overline{AC}$가 원 O의 중심을 지나고 $\angle APT=60^\circ$일 때, $\angle x$의 크기를 구하시오.

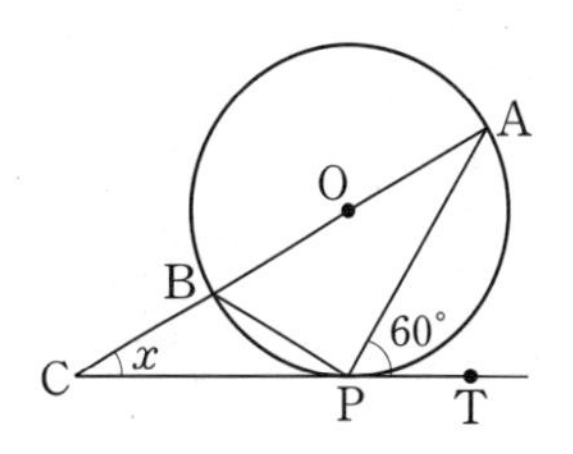

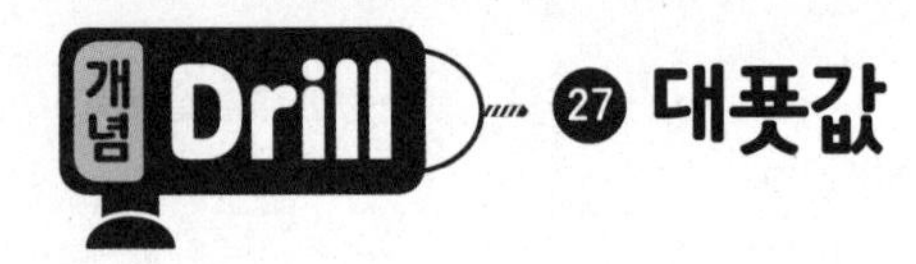

1

다음 자료의 평균을 구하시오.

(1) 2, 1, 4, 8, 5

(2) 6, 1, 3, 7, 8

(3) 3, 6, 12, 4, 10

(4) 5, 3, 2, 4, 7, 9

(5) 1, 4, 9, 2, 5, 3

(6) 11, 2, 3, 9, 4, 7

2

다음 자료의 중앙값을 구하시오.

(1) 9, 4, 10, 3, 5

(2) 6, 9, 11, 2, 13, 7

(3) 6, 3, 7, 9, 4, 2

(4) 5, 1, 9, 7, 3, 10, 6

(5) 7, 6, 4, 8, 7, 10, 7

(6) 11, 15, 19, 10, 13, 18, 17, 12

3

다음 자료의 최빈값을 구하시오.

(1) 1, 6, 7, 3, 4, 3

(2) 2, 4, 5, 9, 4, 2

(3) 2, 5, 7, 8, 1, 4

(4) 9, 3, 5, 7, 3, 8, 1, 9, 1

(5) 빨강, 노랑, 파랑, 노랑, 파랑, 파랑, 빨강, 노랑

(6) 김밥, 라면, 튀김, 쫄면, 만두, 라면

교과서 문제로 **개념 다지기**

4

다음은 어떤 도시의 하루 중 최고 기온을 일주일 동안 조사하여 나타낸 것이다. 이 자료의 평균, 중앙값, 최빈값을 각각 구하시오.

(단위: ℃)

24, 22, 29, 25, 26, 27, 22

5

오른쪽은 재현이네 반 학생 10명의 여름 방학 동안의 봉사 활동 시간을 조사하여 나타낸 줄기와 잎 그림이다. 이 자료의 평균, 중앙값, 최빈값을 각각 구하시오.

(0|6은 6시간)

줄기	잎
0	6 8
1	0 1 5 5
2	0 2 4
3	4

1

다음 물음에 답하시오.

(1) 다음 4개의 수의 평균이 5일 때, x의 값을 구하시오.

3, 4, 6, x

(2) 다음 5개의 수의 평균이 6일 때, x의 값을 구하시오.

5, 7, x, 6, 8

(3) 다음 6개의 수의 평균이 7일 때, x의 값을 구하시오.

8, 9, 12, x, 1, 7

(4) 다음 6개의 수의 평균이 30일 때, x의 값을 구하시오.

24, 23, x, 38, 35, 27

2

다음 물음에 답하시오.

(1) 다음은 4개의 수를 작은 값부터 크기순으로 나열한 것이다. 이 자료의 중앙값이 10일 때, x의 값을 구하시오.

8, x, 12, 15

(2) 다음은 4개의 수를 작은 값부터 크기순으로 나열한 것이다. 이 자료의 중앙값이 7일 때, x의 값을 구하시오.

2, 6, x, 9

(3) 다음은 6개의 수를 작은 값부터 크기순으로 나열한 것이다. 이 자료의 중앙값이 12일 때, x의 값을 구하시오.

5, 11, x, 13, 14, 18

(4) 다음은 6개의 수를 작은 값부터 크기순으로 나열한 것이다. 이 자료의 중앙값이 20일 때, x의 값을 구하시오.

11, 14, 18, x, 23, 26

3

다음 물음에 답하시오.

(1) 다음 4개의 수의 최빈값이 1일 때, x의 값을 구하시오.

x, 9, 5, 1

(2) 다음 6개의 수의 최빈값이 5일 때, x의 값을 구하시오.

5, 2, x, 9, 2, 5

4

다음 자료는 정아네 반 학생 6명이 일주일 동안 학교 인터넷 게시판에 올린 글의 개수를 조사하여 나타낸 것이다. 물음에 답하시오.

(단위: 개)

3, 6, 2, 4, 7, 20

(1) 이 자료의 평균을 구하시오.

(2) 이 자료의 중앙값을 구하시오.

(3) 이 자료의 최빈값을 구하시오.

(4) 평균, 중앙값, 최빈값 중에서 이 자료의 대푯값으로 가장 적절한 것은 어느 것인지 말하시오.

교과서 문제로 **개념 다지기**

5

다음 자료는 어느 편의점에서 8일 동안 팔린 삼각김밥의 개수를 조사하여 나타낸 것이다. 이 자료의 평균과 최빈값이 같을 때, x의 값을 구하시오.

(단위: 개)

10, 9, x, 11, 9, 7, 9, 5

6

지원이가 볼링공을 4번 던졌을 때, 넘어진 볼링 핀의 수가 각각 6개, 9개, x개, 5개이었다. 넘어진 볼링 핀의 수의 중앙값이 7개일 때, x의 값을 구하시오.

개념 Drill 29 산포도(1) - 편차

1
주어진 자료의 평균이 다음과 같을 때, 표를 완성하시오.

(1) (평균)$=7$

변량	5	6	7	8	9
편차				1	

(2) (평균)$=5$

변량	1	2	9	5	8
편차	-4				

(3) (평균)$=12$

변량	8	11	14	9	13	17
편차						5

(4) (평균)$=11$

변량	6	9	12	10	14	15
편차		-2				

(5) (평균)$=9$

변량					
편차	1	-3	5	-1	-9

(6) (평균)$=10$

변량					
편차	4	-2	2	1	-5

2
다음 표는 은지의 월요일부터 금요일까지 5일 동안의 하루 수면 시간을 조사하여 나타낸 것이다. 월요일부터 금요일까지의 수면 시간의 편차를 구하려고 할 때, 물음에 답하시오.

요일	월	화	수	목	금
수면 시간(시간)	6	8	9	7	10

(1) 월요일부터 금요일까지의 수면 시간의 평균을 구하시오.

(2) 월요일부터 금요일까지의 각 수면 시간의 편차를 차례로 구하시오.

3

다음 표는 5명의 학생 A, B, C, D, E의 미술 실기 점수를 조사하여 나타낸 것이다. 5명의 학생의 미술 실기 점수의 편차를 구하려고 할 때, 물음에 답하시오.

학생	A	B	C	D	E
점수(점)	8	7	6	9	5

(1) 5명의 학생의 미술 실기 점수의 평균을 구하시오.

(2) 5명의 학생의 각 미술 실기 점수의 편차를 차례로 구하시오.

4

어떤 자료의 편차가 다음과 같을 때, x의 값을 구하시오.

(1) -1, 3, -4, x

(2) 2, -1, 3, x

(3) 5, 2, -3, -4, x

(4) -2, 1, 6, -3, x

교과서 문제로 **개념 다지기**

5

다음 표는 5명의 학생 A, B, C, D, E의 앉은키의 편차를 조사하여 나타낸 것이다. $a+b$의 값은?

학생	A	B	C	D	E
편차(cm)	3	-1	a	-4	b

① -2 ② -1 ③ 0
④ 1 ⑤ 2

6

다음 표는 정우의 4회에 걸친 음악 시험 점수의 편차를 조사하여 나타낸 것이다. 정우의 1회부터 4회까지의 음악 시험 점수의 평균이 85점일 때, 3회의 음악 시험 점수는?

회	1	2	3	4
편차(점)	4	-1		2

① 78점 ② 80점 ③ 82점
④ 84점 ⑤ 86점

㉚ 산포도(2) - 분산과 표준편차

1

다음 자료에 대하여 ❶~❺의 과정을 따라 분산과 표준편차를 구하시오.

(1) [자료] 4, 2, 5, 6, 3

❶ 평균 구하기	
❷ 각 변량의 편차 구하기	
❸ $(편차)^2$의 총합 구하기	
❹ 분산 구하기	
❺ 표준편차 구하기	

(2) [자료] 5, 2, 11, 9, 8

❶ 평균 구하기	
❷ 각 변량의 편차 구하기	
❸ $(편차)^2$의 총합 구하기	
❹ 분산 구하기	
❺ 표준편차 구하기	

(3) [자료] 3, 6, 2, 7, 4, 8

❶ 평균 구하기	
❷ 각 변량의 편차 구하기	
❸ $(편차)^2$의 총합 구하기	
❹ 분산 구하기	
❺ 표준편차 구하기	

(4) [자료] 12, 13, 11, 10, 17, 15

❶ 평균 구하기	
❷ 각 변량의 편차 구하기	
❸ $(편차)^2$의 총합 구하기	
❹ 분산 구하기	
❺ 표준편차 구하기	

2

아래 자료에 대하여 다음을 구하시오.

14, 12, 8, 11, 10

(1) $(\text{편차})^2$의 총합

(2) 분산

(3) 표준편차

3

아래 자료에 대하여 다음을 구하시오.

2, 8, 10, 9, 6

(1) $(\text{편차})^2$의 총합

(2) 분산

(3) 표준편차

교과서 문제로 **개념 다지기**

4

다음 표는 학생 5명의 일주일 동안의 도서관 방문 횟수를 조사하여 나타낸 것이다. 학생 5명의 도서관 방문 횟수의 표준편차는?

학생	A	B	C	D	E
방문 횟수(회)	5	7	9	4	5

① $\sqrt{2}$회 ② $\sqrt{2.4}$회 ③ $\sqrt{2.8}$회
④ $\sqrt{3.2}$회 ⑤ $\sqrt{3.6}$회

5

다음 자료는 어느 야구 동아리 학생 6명이 일주일 동안 친 안타 수를 조사하여 나타낸 것이다. 안타 수의 평균이 6개일 때, 안타 수의 분산과 표준편차를 각각 구하시오.

(단위: 개)

4, 5, 7, 10, 7, x

31 산점도

1

아래 표는 학생 5명의 국어 점수와 영어 점수를 조사하여 나타낸 것이다. 국어 점수와 영어 점수에 대한 산점도를 그리시오.

학생	A	B	C	D	E
국어(점)	60	80	70	50	90
영어(점)	70	80	90	60	50

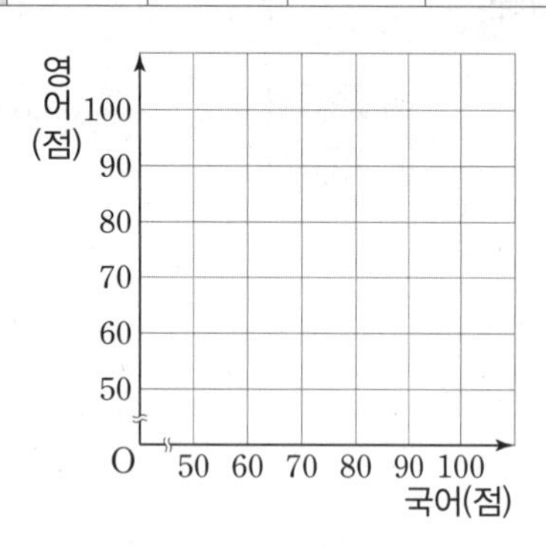

2

아래 표는 학생 5명의 몸무게와 키를 조사하여 나타낸 것이다. 몸무게와 키에 대한 산점도를 그리시오.

학생	A	B	C	D	E
몸무게(kg)	55	60	50	70	65
키(cm)	150	155	160	170	165

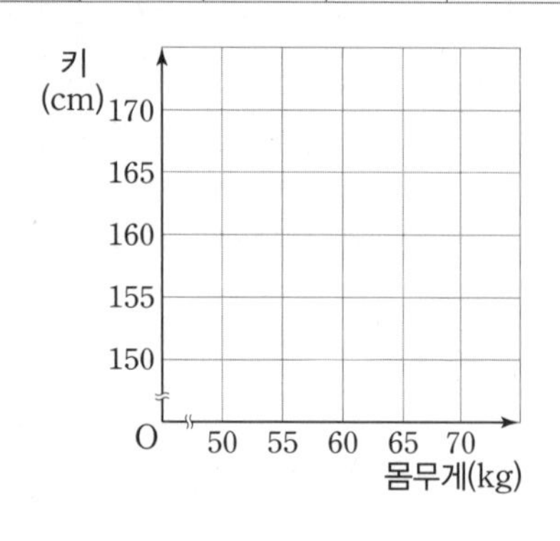

3

아래 그림은 20명의 양궁 선수들이 1차와 2차에 걸쳐 화살을 쏘아 얻은 점수에 대한 산점도이다. 다음을 구하시오.

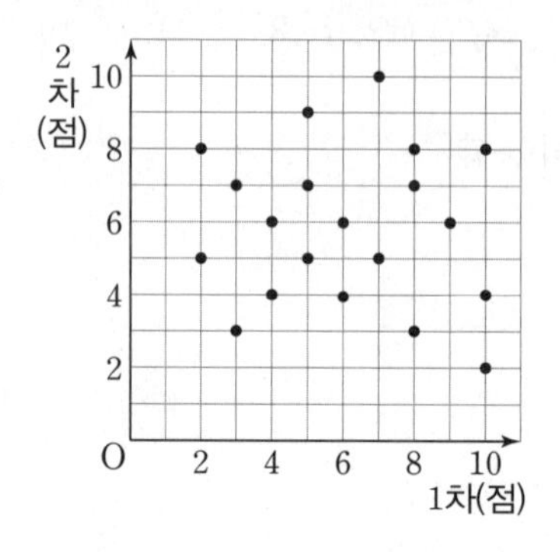

(1) 1차에 화살을 쏘아 얻은 점수가 8점 이상인 선수의 수

(2) 2차에 화살을 쏘아 얻은 점수가 5점 미만인 선수의 수

(3) 1차와 2차에 화살을 쏘아 얻은 점수가 같은 선수의 수

(4) 1차보다 2차에 화살을 쏘아 얻은 점수가 더 높은 선수의 수

교과서 문제로 **개념 다지기**

4

아래 그림은 어느 반 학생 15명이 토요일과 일요일에 메신저 앱에서 보낸 메시지의 수에 대한 산점도이다. 다음을 구하시오.

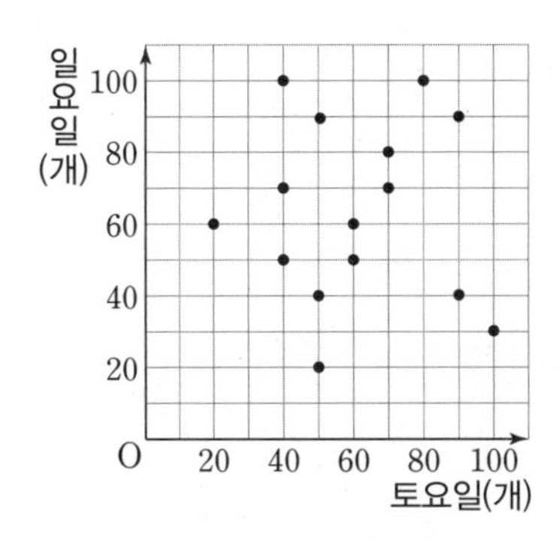

(1) 토요일에 보낸 메시지의 수가 가장 적은 학생이 일요일에 보낸 메시지의 수

(2) 토요일과 일요일에 보낸 메시지의 수가 같은 학생 수

(3) 토요일보다 일요일에 보낸 메시지의 수가 더 많은 학생 수

(4) 토요일에 보낸 메시지의 수가 60개 이상이고 일요일에 보낸 메시지의 수가 70개 이상 90개 이하인 학생 수

5

다음 그림은 어느 반 학생 15명의 영어 듣기 점수와 영어 독해 점수에 대한 산점도이다. 물음에 답하시오.

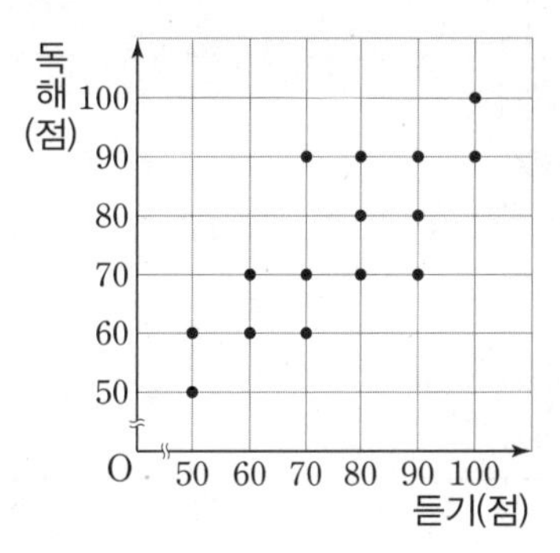

(1) 영어 듣기 점수가 80점 이상인 학생 수를 구하시오.

(2) 영어 듣기 점수와 영어 독해 점수가 모두 70점 이하인 학생 수를 구하시오.

(3) 영어 듣기 점수가 영어 독해 점수보다 높은 학생 수를 구하시오.

(4) 영어 듣기 점수와 영어 독해 점수가 같은 학생은 전체의 몇 %인지 구하시오.

개념 Drill 32 상관관계

1

다음 | 보기 | 의 산점도를 보고, 물음에 답하시오.

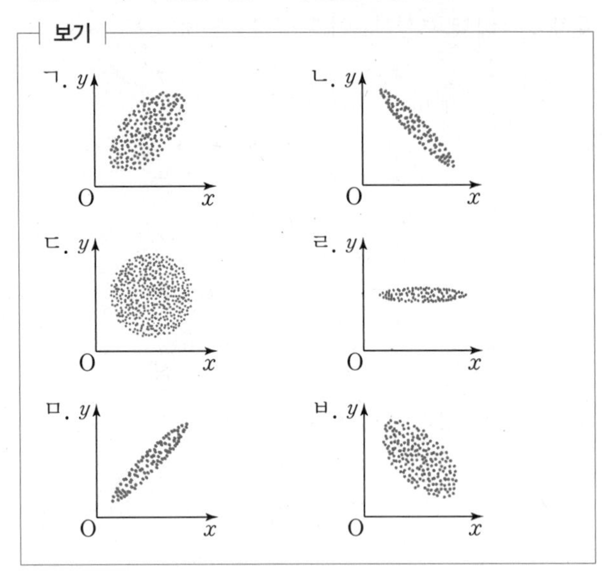

(1) 양의 상관관계가 있는 것을 모두 고르시오.

____

(2) 음의 상관관계가 있는 것을 모두 고르시오.

____

(3) 가장 강한 음의 상관 관계가 있는 것을 고르시오.

____

(4) x의 값이 증가함에 따라 y의 값도 대체로 증가하는 경향이 가장 뚜렷한 것을 고르시오.

____

(5) 상관관계가 없는 것을 모두 고르시오.

____

2

다음 중 양의 상관관계가 있는 것은 '양'을, 음의 상관관계가 있는 것은 '음'을, 상관관계가 없는 것은 '무'를 (　　) 안에 쓰시오.

(1) 도시의 인구수와 쓰레기 배출량 (　　)

(2) 몸무게와 시력 (　　)

(3) 하루 중 낮의 길이와 밤의 길이 (　　)

(4) 겨울철 기온과 난방비 (　　)

(5) 키와 체육 실기 성적 (　　)

(6) 여름철 기온과 냉방비 (　　)

교과서 문제로 개념 다지기

3

다음 중 두 변량에 대한 산점도를 그렸을 때, 오른쪽 그림과 같은 모양이 되는 것을 모두 고르면? (정답 2개)

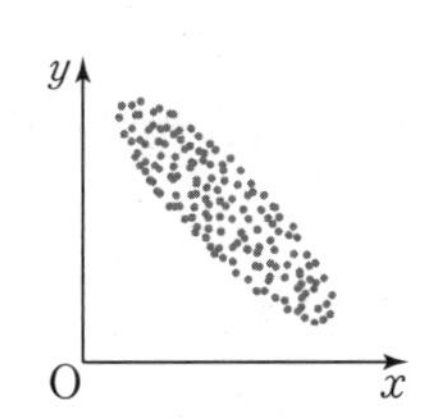

① 몸무게와 충치 개수
② 해수의 온도와 빙하의 크기
③ 가족 구성원 수와 가계 식비
④ 나이와 기초 대사량
⑤ 운동량과 칼로리 소모량

4

오른쪽 그림은 어느 학교 학생들의 한 학기 동안의 학습 시간과 성적에 대한 산점도이다. 5명의 학생 A, B, C, D, E 중 학습 시간에 비해 성적이 가장 좋은 학생은?

① A ② B ③ C
④ D ⑤ E

5

아래 그림은 어느 학교 학생들의 키와 몸무게에 대한 산점도이다. 다음 중 옳지 않은 것을 모두 고르면? (정답 2개)

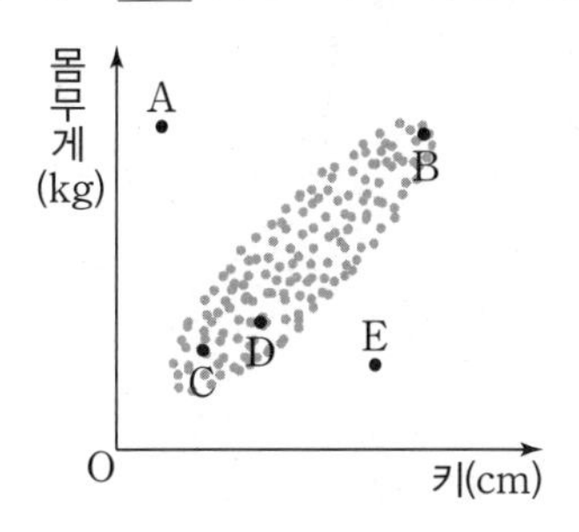

① 키와 몸무게 사이에는 양의 상관관계가 있다.
② A는 키에 비해 몸무게가 많이 나간다.
③ B는 C에 비해 키가 크다.
④ 5명의 학생 A, B, C, D, E 중 키에 비해 몸무게가 가장 적게 나가는 학생은 B이다.
⑤ 5명의 학생 A, B, C, D, E 중 키도 크고 몸무게도 많이 나가는 학생은 A이다.

01 삼각비

1 답 (1) $\frac{4}{5}$ (2) $\frac{3}{5}$ (3) $\frac{4}{3}$

2 답 (1) $\frac{8}{17}$ (2) $\frac{15}{17}$ (3) $\frac{8}{15}$

3 답 (1) $\frac{3}{4}$ (2) $\frac{\sqrt{7}}{4}$ (3) $\frac{3\sqrt{7}}{7}$

4 답 (1) $\frac{24}{25}$ (2) $\frac{7}{25}$ (3) $\frac{24}{7}$

5 답 (1) $\frac{\sqrt{2}}{2}$ (2) $\frac{\sqrt{2}}{2}$ (3) 1

6 답 (1) $\frac{6}{7}$ (2) $\frac{\sqrt{13}}{7}$ (3) $\frac{6\sqrt{13}}{13}$

7 답 ③

③ $\tan A=\frac{\overline{BC}}{\overline{AC}}=\frac{\sqrt{11}}{5}$

8 답 ②

피타고라스 정리에 의하여

$\overline{AC}=\sqrt{\overline{AB}^2+\overline{BC}^2}=\sqrt{2^2+3^2}=\sqrt{13}$

① $\sin A=\frac{\overline{BC}}{\overline{AC}}=\frac{3}{\sqrt{13}}=\frac{3\sqrt{13}}{13}$

② $\cos A=\frac{\overline{AB}}{\overline{AC}}=\frac{2}{\sqrt{13}}=\frac{2\sqrt{13}}{13}$

③ $\tan A=\frac{\overline{BC}}{\overline{AB}}=\frac{3}{2}$

④ $\sin C=\frac{\overline{AB}}{\overline{AC}}=\frac{2}{\sqrt{13}}=\frac{2\sqrt{13}}{13}$

⑤ $\cos C=\frac{\overline{BC}}{\overline{AC}}=\frac{3}{\sqrt{13}}=\frac{3\sqrt{13}}{13}$

따라서 옳은 것은 ②이다.

02 삼각비를 이용하여 변의 길이, 삼각비의 값 구하기

1 답 4, 6

2 답 6, $2\sqrt{5}$, $2\sqrt{5}$, 4

3 답 6

4 답 4, 4, 4

5 답 $\sqrt{6}$, $\sqrt{3}$, $\sqrt{6}$

6 답 $\sin C=\frac{\sqrt{6}}{3}$, $\tan C=\sqrt{2}$

7 답 $\overline{AC}=5$, $\overline{BC}=12$

△ABC에서

$\cos A=\frac{\overline{AC}}{13}=\frac{5}{13}$이므로 $\overline{AC}=5$

따라서 피타고라스 정리에 의하여

$\overline{BC}=\sqrt{13^2-\overline{AC}^2}=\sqrt{13^2-5^2}=12$

8 답 $\frac{3}{10}$

$\tan A=\frac{1}{3}$이므로 오른쪽 그림에서

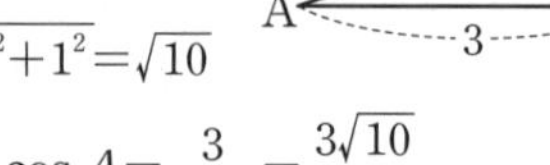

피타고라스 정리에 의하여

$\overline{AC}=\sqrt{\overline{AB}^2+\overline{BC}^2}=\sqrt{3^2+1^2}=\sqrt{10}$

$\therefore \sin A=\frac{1}{\sqrt{10}}=\frac{\sqrt{10}}{10}$, $\cos A=\frac{3}{\sqrt{10}}=\frac{3\sqrt{10}}{10}$

$\therefore \sin A\times\cos A=\frac{\sqrt{10}}{10}\times\frac{3\sqrt{10}}{10}=\frac{3}{10}$

03 삼각비와 직각삼각형의 닮음

1 답 (1) $\overline{CE}$, $\overline{AC}$ (2) $\overline{CE}$, $\overline{AB}$ (3) $\overline{CD}$, $\overline{AC}$

2 답 (1) 8 (2) ∠BCA (3) $\frac{1}{2}$ (4) $\frac{\sqrt{3}}{2}$ (5) $\frac{\sqrt{3}}{3}$

3 답 (1) $3\sqrt{5}$ (2) ∠ABC (3) $\frac{2\sqrt{5}}{5}$ (4) $\frac{\sqrt{5}}{5}$ (5) 2

4 답 (1) 5 (2) ∠BCD (3) $\frac{4}{5}$ (4) $\frac{3}{5}$ (5) $\frac{4}{3}$

5 답 $\frac{30}{17}$

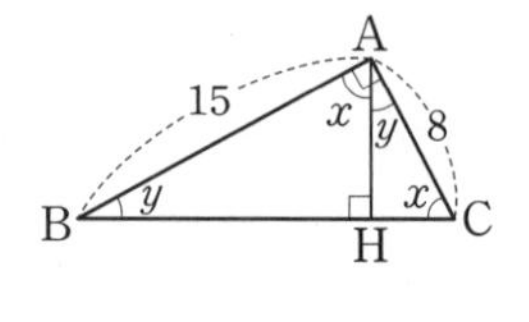

△ABC∽△HAC (AA 닮음)

이므로

∠ABC=∠HAC=y

△ABC∽△HBA (AA 닮음)

이므로

∠BCA=∠BAH=x

$\triangle$ABC에서 피타고라스 정리에 의하여

$\overline{BC}=\sqrt{\overline{AB}^2+\overline{CA}^2}=\sqrt{15^2+8^2}=17$이므로

$\sin x=\frac{\overline{AB}}{\overline{BC}}=\frac{15}{17},\ \cos y=\frac{\overline{AB}}{\overline{BC}}=\frac{15}{17}$

$\therefore \sin x+\cos y=\frac{15}{17}+\frac{15}{17}=\frac{30}{17}$

6 답 ②

$\triangle$ADE에서 피타고라스 정리에 의하여

$\overline{AD}=\sqrt{\overline{DE}^2-\overline{AE}^2}=\sqrt{8^2-4^2}=4\sqrt{3}$

$\triangle ABC \backsim \triangle AED$ (AA 닮음)이므로

$\angle ABC=\angle AED$

$\sin B=\sin(\angle AED)=\frac{\overline{AD}}{\overline{DE}}=\frac{4\sqrt{3}}{8}=\frac{\sqrt{3}}{2}$

$\sin C=\sin(\angle ADE)=\frac{\overline{AE}}{\overline{DE}}=\frac{4}{8}=\frac{1}{2}$

$\therefore \sin B+\sin C=\frac{\sqrt{3}}{2}+\frac{1}{2}=\frac{1+\sqrt{3}}{2}$

04 30°, 45°, 60°의 삼각비의 값

1 답

삼각비 \ A	30°	45°	60°
$\sin A$	$\frac{1}{2}$	$\frac{\sqrt{2}}{2}\left(=\frac{1}{\sqrt{2}}\right)$	$\frac{\sqrt{3}}{2}$
$\cos A$	$\frac{\sqrt{3}}{2}$	$\frac{\sqrt{2}}{2}\left(=\frac{1}{\sqrt{2}}\right)$	$\frac{1}{2}$
$\tan A$	$\frac{\sqrt{3}}{3}\left(=\frac{1}{\sqrt{3}}\right)$	1	$\sqrt{3}$

2 답 (1) $\frac{1+\sqrt{3}}{2}$ (2) 0 (3) $\frac{3}{2}$ (4) $\frac{1}{2}$

3 답 (1) $\frac{1}{2}$ (2) $\frac{\sqrt{3}}{2}$ (3) $\frac{\sqrt{3}}{2}$ (4) $\frac{3}{2}$

4 답 (1) 1 (2) $\sqrt{3}$

5 답 (1) 60° (2) 30° (3) 45° (4) 30° (5) 30° (6) 45°

6 답 ②

① $\cos 30^\circ\times\tan 30^\circ=\frac{\sqrt{3}}{2}\times\frac{\sqrt{3}}{3}=\frac{1}{2}$

② $\sin 60^\circ+\cos 30^\circ=\frac{\sqrt{3}}{2}+\frac{\sqrt{3}}{2}=\sqrt{3}$

③ $\tan 45^\circ\times\cos 60^\circ=1\times\frac{1}{2}=\frac{1}{2}$

④ $\sin 45^\circ\div\cos 45^\circ=\frac{\sqrt{2}}{2}\div\frac{\sqrt{2}}{2}=1$

⑤ $\tan 60^\circ\div\sin 30^\circ=\sqrt{3}\div\frac{1}{2}=\sqrt{3}\times 2=2\sqrt{3}$

따라서 옳지 않은 것은 ②이다.

7 답 ①

$\sin(2x-30^\circ)=\frac{1}{2}$이므로

$2x-30^\circ=30^\circ$

$2x=60^\circ \quad \therefore x=30^\circ$

$\therefore \sin x+\cos x=\sin 30^\circ+\cos 30^\circ$

$=\frac{1}{2}+\frac{\sqrt{3}}{2}=\frac{1+\sqrt{3}}{2}$

05 예각에 대한 삼각비의 값

1 답 (1) $\overline{AB}$ (2) $\overline{OB}$ (3) $\overline{CD}$

2 답 (1) $\overline{AB}$, 0.7431 (2) $\overline{OB}$, 0.6691 (3) $\overline{OD}$, $\overline{CD}$

3 답 (1) $\overline{AB}$, 0.8192 (2) $\overline{OB}$, 0.5736 (3) $\overline{OD}$, $\overline{CD}$

4 답 (1) $\overline{AB}$, 0.7986 (2) $\overline{OB}$, 0.6018 (3) $\overline{OD}$, 1.3270

5 답 (1) $\overline{OB}$, 1, $\overline{OB}$ (2) $\overline{AB}$, 1, $\overline{AB}$ (3) $\sin x$ (4) $\cos x$

6 답 ③

$\triangle$COD에서

$\tan 37^\circ=\frac{\overline{CD}}{\overline{OD}}=\frac{0.75}{1}=0.75$

$\triangle$AOB에서

$\sin 37^\circ=\frac{\overline{AB}}{\overline{OA}}=\frac{0.60}{1}=0.60$

$\therefore \tan 37^\circ-\sin 37^\circ=0.75-0.60=0.15$

7 답 1.4088

오른쪽 그림의 $\triangle$OAB에서

$\angle OBA=90^\circ-40^\circ=50^\circ$이므로

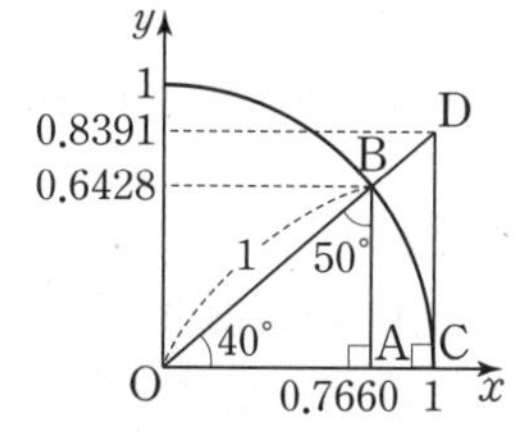

$\sin 40^\circ=\frac{\overline{AB}}{\overline{OB}}=\frac{0.6428}{1}=0.6428$

$\sin 50^\circ=\frac{\overline{OA}}{\overline{OB}}=\frac{0.7660}{1}=0.7660$

$\therefore \sin 40^\circ+\sin 50^\circ=0.6428+0.7660=1.4088$

06 0°, 90°의 삼각비의 값 / 삼각비의 값의 대소 관계

1 답 (1) 0 (2) 1 (3) 1 (4) 0 (5) 0 (6) 정할 수 없다.

2 답 (1) 1 (2) 0 (3) 0 (4) 1 (5) 1 (6) 1

3 답 (1) $<$ (2) $>$ (3) $=$ (4) $>$ (5) $>$ (6) $<$ (7) $=$

4 답 ①, ⑤

① $\sin 0° - \tan 30° \times \tan 60° = 0 - \frac{\sqrt{3}}{3} \times \sqrt{3} = -1$

② $\sin^2 60° + \cos^2 60° = \left(\frac{\sqrt{3}}{2}\right)^2 + \left(\frac{1}{2}\right)^2 = \frac{3}{4} + \frac{1}{4} = 1$

③ $(\sin 0° + \cos 45°)(\cos 90° - \sin 45°)$
$= \left(0 + \frac{\sqrt{2}}{2}\right)\left(0 - \frac{\sqrt{2}}{2}\right) = -\frac{1}{2}$

④ $\sin 90° - \sin 30° \times \tan 30° = 1 - \frac{1}{2} \times \frac{\sqrt{3}}{3} = 1 - \frac{\sqrt{3}}{6}$

⑤ $\sqrt{3} \tan 60° - 2 \tan 45° = \sqrt{3} \times \sqrt{3} - 2 \times 1 = 3 - 2 = 1$

따라서 옳은 것은 ①, ⑤이다.

5 답 ⑤

① $\sin 30° = \frac{1}{2}$ ② $\sin 90° = 1$ ③ $\cos 60° = \frac{1}{2}$

④ $\cos 90° = 0$ ⑤ $\tan 60° = \sqrt{3}$

따라서 $0 < \frac{1}{2} < 1 < \sqrt{3}$이므로 삼각비의 값이 가장 큰 것은 ⑤이다.

07 삼각비의 표

1 답 (1) 0.4226 (2) 0.8829 (3) 0.4877
(4) 0.4540 (5) 0.8746 (6) 0.5095

2 답 (1) 57° (2) 58° (3) 57°
(4) 59° (5) 56° (6) 60°

3 답 (1) 0.7771 (2) 0.6561 (3) 1.2799
(4) 49° (5) 50° (6) 51°

4 답 1.4261

$\sin 44° = 0.6947$, $\cos 43° = 0.7314$이므로
$\sin 44° + \cos 43° = 0.6947 + 0.7314 = 1.4261$

5 답 84°

$\sin 41° = 0.6561$, $\tan 43° = 0.9325$이므로
$x = 41°$, $y = 43°$
$\therefore x + y = 41° + 43° = 84°$

08 삼각비의 활용 (1) - 직각삼각형의 변의 길이

1 답 (1) $\frac{5\sqrt{3}}{2}$ (2) $4\sqrt{3}$ (3) 5 (4) 6 (5) $\sqrt{3}$ (6) $10\sqrt{2}$

2 답 (1) 12.4 (2) 7.9 (3) 39

3 답 (1) 8 (2) 12 (3) 7.98

4 답 ①, ④

△ABC에서 $\angle A = 180° - (32° + 90°) = 58°$

$\sin 32° = \frac{\overline{AC}}{7}$이므로 $\overline{AC} = 7 \sin 32°$

$\cos 58° = \frac{\overline{AC}}{7}$이므로 $\overline{AC} = 7 \cos 58°$

따라서 $\overline{AC}$의 길이를 구하는 식으로 옳은 것은 ①, ④이다.

5 답 8.49 m

△ABC에서
$\overline{BC} = 20 \tan 23° = 20 \times 0.4245 = 8.49$(m)

09 삼각비의 활용 (2) - 일반 삼각형의 변의 길이

1 답 45°, 3, 45°, 3, 2, 3, $\sqrt{13}$

2 답 30°, 3, 45°, $3\sqrt{2}$

3 답 (1) $2\sqrt{3}$ (2) 6 (3) 2 (4) 4

4 답 (1) $3\sqrt{3}$ (2) 3 (3) 7 (4) $2\sqrt{19}$

5 답 (1) $3\sqrt{2}$ (2) 60° (3) $2\sqrt{6}$

6 답 $2\sqrt{26}$

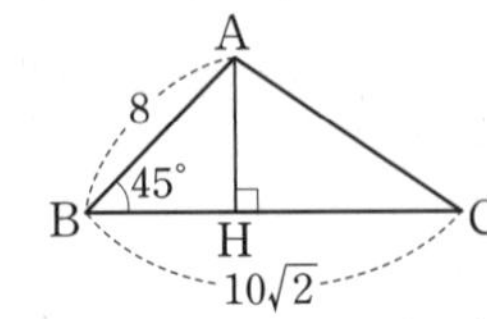

오른쪽 그림과 같이 꼭짓점 A에서 $\overline{BC}$에 내린 수선의 발을 H라 하면 △ABH에서

$\overline{AH} = 8 \sin 45° = 8 \times \frac{\sqrt{2}}{2} = 4\sqrt{2}$

$\overline{BH} = 8 \cos 45° = 8 \times \frac{\sqrt{2}}{2} = 4\sqrt{2}$

$\therefore \overline{CH} = \overline{BC} - \overline{BH} = 10\sqrt{2} - 4\sqrt{2} = 6\sqrt{2}$

따라서 △AHC에서 피타고라스 정리에 의하여

$\overline{AC} = \sqrt{\overline{AH}^2 + \overline{CH}^2} = \sqrt{(4\sqrt{2})^2 + (6\sqrt{2})^2} = \sqrt{104} = 2\sqrt{26}$

7 답 $3\sqrt{6}$

오른쪽 그림과 같이 꼭짓점 B에서 $\overline{AC}$에 내린 수선의 발을 H라 하면

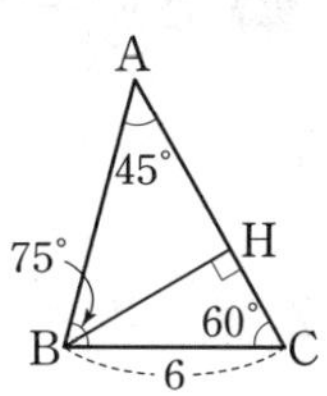

$\triangle$HBC에서

$\overline{BH}=6\sin 60^\circ=6\times\frac{\sqrt{3}}{2}=3\sqrt{3}$

$\triangle$ABC에서 $\angle A=180^\circ-(75^\circ+60^\circ)=45^\circ$이므로

$\triangle$ABH에서

$\sin 45^\circ=\frac{\overline{BH}}{\overline{AB}}=\frac{3\sqrt{3}}{\overline{AB}}$

$\therefore \overline{AB}=\frac{3\sqrt{3}}{\sin 45^\circ}=3\sqrt{3}\div\frac{\sqrt{2}}{2}=3\sqrt{3}\times\frac{2}{\sqrt{2}}=3\sqrt{6}$

10 삼각비의 활용 (3) - 삼각형의 높이

1 답 30°, 45°, 30°, 45°, $\frac{\sqrt{3}}{3}$, $\sqrt{3}$, $3(3-\sqrt{3})$

2 답 45°, 30°, 45°, 30°, $\frac{\sqrt{3}}{3}$, $\sqrt{3}$, $6(3+\sqrt{3})$

3 답 (1) $\angle BAH=60^\circ$, $\angle CAH=45^\circ$ (2) $\overline{AH}\tan 60^\circ$ (3) $\overline{AH}\tan 45^\circ$ (4) $12(\sqrt{3}-1)$

4 답 (1) $\angle BAH=60^\circ$, $\angle CAH=30^\circ$ (2) $\overline{AH}\tan 60^\circ$ (3) $\overline{AH}\tan 30^\circ$ (4) $3\sqrt{3}$

5 답 $7(\sqrt{3}-1)$ cm

$\angle BAH=45^\circ$, $\angle CAH=60^\circ$이므로

$\overline{AH}=h$ cm라 하면

$\triangle$ABH에서 $\overline{BH}=h\tan 45^\circ=h$(cm)

$\triangle$AHC에서 $\overline{CH}=h\tan 60^\circ=\sqrt{3}h$(cm)

$\overline{BC}=\overline{BH}+\overline{CH}=h+\sqrt{3}h=14$이므로

$(\sqrt{3}+1)h=14$

$\therefore h=\frac{14}{\sqrt{3}+1}=\frac{14(\sqrt{3}-1)}{(\sqrt{3}+1)(\sqrt{3}-1)}=7(\sqrt{3}-1)$

$\therefore \overline{CH}=7(\sqrt{3}-1)$ cm

6 답 $4(\sqrt{3}+1)$ cm

$\angle ACH=60^\circ$, $\angle BCH=45^\circ$이므로

$\overline{CH}=h$ cm라 하면

$\triangle$CAH에서 $\overline{AH}=h\tan 60^\circ=\sqrt{3}h$(cm)

$\triangle$CBH에서 $\overline{BH}=h\tan 45^\circ=h$(cm)

$\overline{AB}=\overline{AH}-\overline{BH}=\sqrt{3}h-h=8$이므로

$(\sqrt{3}-1)h=8$

$\therefore h=\frac{8}{\sqrt{3}-1}=\frac{8(\sqrt{3}+1)}{(\sqrt{3}-1)(\sqrt{3}+1)}=4(\sqrt{3}+1)$

$\therefore \overline{CH}=4(\sqrt{3}+1)$ cm

11 삼각비의 활용 (4) - 삼각형의 넓이

1 답 (1) 5, 60°, $10\sqrt{3}$ (2) 7, 45°, $7\sqrt{2}$ (3) 6, 150°, 6, 30°, 15 (4) 3, 120°, 3, 60°, $\frac{3\sqrt{3}}{2}$

2 답 (1) 20 (2) $24\sqrt{3}$ (3) 6 (4) $14\sqrt{2}$

3 답 (1) $28\sqrt{2}$ (2) 12 (3) $\frac{35\sqrt{3}}{4}$

4 답 $12\sqrt{3}$ cm^2

$\triangle$ABC는 $\overline{AB}=\overline{AC}$인 이등변삼각형이므로 $\angle B=\angle C=60^\circ$

$\therefore \angle A=180^\circ-(60^\circ+60^\circ)=60^\circ$

$\therefore \triangle ABC=\frac{1}{2}\times4\sqrt{3}\times4\sqrt{3}\times\sin 60^\circ$

$=\frac{1}{2}\times4\sqrt{3}\times4\sqrt{3}\times\frac{\sqrt{3}}{2}=12\sqrt{3}(\text{cm}^2)$

5 답 3 cm

$\triangle ABC=\frac{1}{2}\times\overline{BC}\times5\times\sin(180^\circ-135^\circ)$

$=\frac{1}{2}\times\overline{BC}\times5\times\frac{\sqrt{2}}{2}=\frac{5\sqrt{2}}{4}\overline{BC}$

이므로 $\frac{5\sqrt{2}}{4}\overline{BC}=\frac{15\sqrt{2}}{4}$

$\therefore \overline{BC}=3$(cm)

12 삼각비의 활용 (5) - 사각형의 넓이

1 답 (1) $18\sqrt{3}$, $36\sqrt{3}$ (2) 60°, $36\sqrt{3}$

2 답 (1) $\frac{9\sqrt{2}}{2}$, $9\sqrt{2}$ (2) 45°, $9\sqrt{2}$

3 답 (1) 6, 12 (2) 150°, 30°, 12

4 답 (1) $40\sqrt{2}$, $20\sqrt{2}$ (2) 45°, $20\sqrt{2}$

5 답 (1) 120, 60 (2) 90°, 60

6 답 (1) $112\sqrt{3}$, $56\sqrt{3}$ (2) $120°$, $60°$, $56\sqrt{3}$

7 답 $6\sqrt{2}$ cm

$\square ABCD=7\times\overline{BC}\times\sin 45°$

$=7\times\overline{BC}\times\frac{\sqrt{2}}{2}=\frac{7\sqrt{2}}{2}\overline{BC}$

따라서 $\frac{7\sqrt{2}}{2}\overline{BC}=42$이므로

$\overline{BC}=42\times\frac{2}{7\sqrt{2}}=6\sqrt{2}$(cm)

8 답 ②

$\square ABCD$는 마름모이므로 $\overline{AB}=\overline{AD}=6$ cm

$\therefore \square ABCD=6\times6\times\sin 45°$

$=6\times6\times\frac{\sqrt{2}}{2}=18\sqrt{2}$(cm^2)

13 현의 수직이등분선

1 답 (1) 5 (2) 8 (3) 14 (4) 24 (5) 5

2 답 (1) 4, 8 (2) 8, 6 (3) 3, 5 (4) $3\sqrt{3}$, $6\sqrt{3}$

3 답 (1) 24 (2) $8\sqrt{5}$ (3) 6 (4) 6 (5) $2\sqrt{2}$

4 답 $4\sqrt{7}$ cm

$\triangle OMB$에서 피타고라스 정리에 의하여

$\overline{BM}=\sqrt{8^2-6^2}=\sqrt{28}=2\sqrt{7}$(cm)

이때 $\overline{AM}=\overline{BM}$이므로

$\overline{AB}=2\overline{BM}=2\times2\sqrt{7}=4\sqrt{7}$(cm)

5 답 (1) $2\sqrt{6}$ (2) 13

(1) $\overline{AM}=\overline{BM}=x$

$\overline{OC}=\overline{OA}=7$(원의 반지름)이므로

$\overline{OM}=7-2=5$

따라서 $\triangle OAM$에서 피타고라스 정리에 의하여

$x=\sqrt{7^2-5^2}=\sqrt{24}=2\sqrt{6}$

(2) $\overline{AM}=\frac{1}{2}\overline{AB}=\frac{1}{2}\times24=12$

$\overline{OC}=\overline{OA}=x$(원의 반지름)이므로

$\overline{OM}=x-8$

따라서 $\triangle OAM$에서 피타고라스 정리에 의하여

$12^2+(x-8)^2=x^2$

$16x=208$ $\therefore x=13$

14 현의 수직이등분선의 응용

1 답 $\overline{CM}$, r, $r-6$, $r-6$, 12, 15, 15

2 답 (1) 10 (2) $\frac{15}{2}$ (3) 11 (4) 17 (5) 15

3 답 20, 20, 10, 20, 10, $10\sqrt{3}$, $10\sqrt{3}$, $20\sqrt{3}$

4 답 (1) 5 (2) $5\sqrt{3}$ (3) $10\sqrt{3}$

5 답 4 cm

오른쪽 그림과 같이 원의 중심을 O라 하면 $\overline{CD}$의 연장선은 점 O를 지난다.

$\overline{AD}=\frac{1}{2}\overline{AB}=\frac{1}{2}\times16=8$(cm)

$\triangle AOD$에서 피타고라스 정리에 의하여

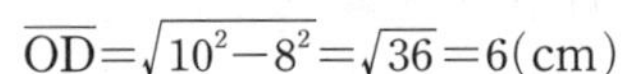

$\overline{OD}=\sqrt{10^2-8^2}=\sqrt{36}=6$(cm)

이때 $\overline{OC}=10$ cm이므로

$\overline{CD}=\overline{OC}-\overline{OD}=10-6=4$(cm)

6 답 $4\sqrt{3}$ cm

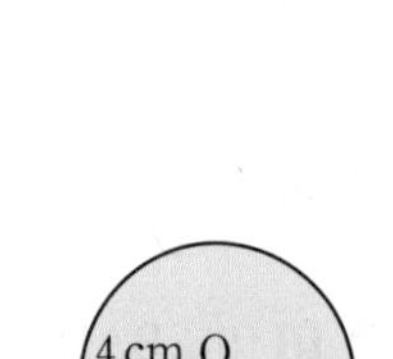

오른쪽 그림과 같이 원의 중심 O에서 $\overline{AB}$에 내린 수선의 발을 M이라 하면

$\overline{OM}=\frac{1}{2}\overline{OA}=\frac{1}{2}\times4=2$(cm)

따라서 $\triangle OAM$에서 피타고라스 정리에 의하여

$\overline{AM}=\sqrt{4^2-2^2}=\sqrt{12}=2\sqrt{3}$(cm)

$\therefore \overline{AB}=2\overline{AM}=2\times2\sqrt{3}=4\sqrt{3}$(cm)

15 현의 길이

1 답 (1) 6 (2) 8 (3) 4 (4) 9 (5) 14

2 답 (1) 3 (2) 2 (3) 4 (4) 3 (5) 4

3 답 (1) 6, 12, 12 (2) $2\sqrt{6}$, $4\sqrt{6}$, $4\sqrt{6}$ (3) 6, $2\sqrt{7}$, $2\sqrt{7}$

4 답 $7\sqrt{2}$ cm

$\overline{OM}=\overline{ON}$이므로 $\overline{CD}=\overline{AB}=14$ cm

$\therefore \overline{CN}=\frac{1}{2}\overline{CD}=\frac{1}{2}\times14=7$(cm)

따라서 $\triangle CON$에서 피타고라스 정리에 의하여

$\overline{OC}=\sqrt{7^2+7^2}=\sqrt{98}=7\sqrt{2}$(cm)

5 답 $61°$

$\overline{OM}=\overline{ON}$이므로 $\overline{AB}=\overline{AC}$

따라서 $\triangle ABC$는 이등변삼각형이므로 $\angle B=\angle C$

$\therefore \angle B=\frac{1}{2}\times(180°-58°)=61°$

16 원의 접선의 성질

1 답 (1) $120°$ (2) $30°$ (3) $100°$ (4) $50°$

2 답 (1) 11 (2) 9 (3) 10 (4) 12

3 답 (1) $65°$ (2) $36°$

4 답 (1) 7 (2) 3

5 답 $23°$

$\overline{PA}=\overline{PB}$이므로 $\triangle PAB$는 $\angle PAB=\angle PBA$인 이등변삼각형이다.

$\therefore \angle PAB=\frac{1}{2}\times(180°-46°)=67°$

이때 $\angle OAP=90°$이므로 $\angle x=90°-67°=23°$

다른 풀이

$\angle PAO=\angle PBO=90°$이므로 $\square AOBP$에서

$\angle AOB=360°-(90°+46°+90°)=134°$

$\triangle AOB$는 $\overline{OA}=\overline{OB}$인 이등변삼각형이므로

$\angle x=\frac{1}{2}\times(180°-134°)=23°$

6 답 $2\sqrt{21}$ cm

$\overline{PO}=6+4=10$(cm)

$\angle PBO=90°$이므로 $\triangle PBO$에서 피타고라스 정리에 의하여

$\overline{PB}=\sqrt{10^2-4^2}=\sqrt{84}=2\sqrt{21}$(cm)

$\therefore \overline{PA}=\overline{PB}=2\sqrt{21}$ cm

17 원의 접선의 성질의 응용

1 답 2, 12, 12, 3, 3, 5

2 답 (1) 7 (2) 6 (3) 10

3 답 5, 10, 15, 5, 5, 15, 5, $10\sqrt{2}$, $10\sqrt{2}$

4 답 (1) 8, 2, $2\sqrt{15}$, $2\sqrt{15}$ (2) 7, 1, $4\sqrt{3}$, $4\sqrt{3}$

5 답 18 cm

$\overline{BE}=\overline{BD}=9-6=3$(cm)

$\overline{PC}=\overline{PD}=9$ cm이므로 $\overline{AE}=\overline{AC}=9-7=2$(cm)

$\therefore \overline{AB}=3+2=5$(cm)

따라서 $\triangle ABP$의 둘레의 길이는

$\overline{AB}+\overline{BP}+\overline{PA}=5+6+7=18$(cm)

6 답 28 cm

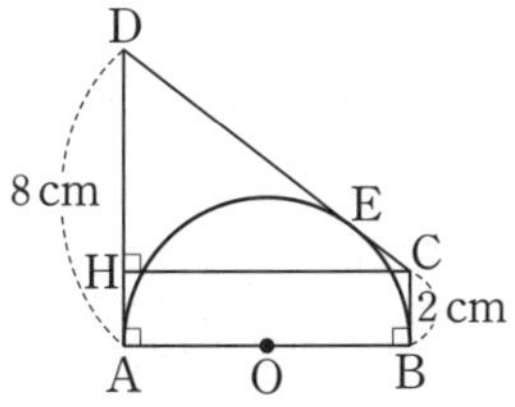

오른쪽 그림과 같이 점 C에서 $\overline{AD}$에 내린 수선의 발을 H라 하자.

$\overline{DC}=\overline{DE}+\overline{CE}=\overline{DA}+\overline{CB}$

$=8+2=10$(cm)

$\overline{DH}=\overline{AD}-\overline{AH}$

$=8-2=6$(cm)

$\triangle DHC$에서 피타고라스 정리에 의하여

$\overline{CH}=\sqrt{10^2-6^2}=\sqrt{64}=8$(cm)

$\therefore \overline{AB}=\overline{CH}=8$ cm

따라서 $\square ABCD$의 둘레의 길이는

$\overline{AB}+\overline{BC}+\overline{CD}+\overline{DA}=8+2+10+8=28$(cm)

18 삼각형의 내접원

1 답 (1) $x=5$, $y=3$, $z=4$ (2) $x=7$, $y=5$, $z=8$
(3) $x=4$, $y=6$, $z=7$ (4) $x=6$, $y=9$, $z=8$

2 답 (1) 6 (2) 4 (3) 8 (4) 10

3 답 $10-x$, $8-x$, $10-x$, $8-x$, 2, 2

4 답 (1) $18-x$ (2) $20-x$ (3) 12

5 답 12 cm

$\overline{BE}=\overline{BD}=10-3=7$(cm)

$\overline{AF}=\overline{AD}=3$ cm이므로

$\overline{CE}=\overline{CF}=8-3=5$(cm)

$\therefore \overline{BC}=\overline{BE}+\overline{CE}=7+5=12$(cm)

6 답 5 cm

$\overline{CE}=x$ cm라 하면 $\overline{CF}=\overline{CE}=x$ cm이므로

$\overline{BD}=\overline{BE}=11-x$(cm), $\overline{AD}=\overline{AF}=8-x$(cm)

이때 $\overline{AB}=9$ cm이므로

$\overline{BD}+\overline{AD}=(11-x)+(8-x)=9$, $19-2x=9$

$2x=10$ $\therefore x=5$

$\therefore \overline{CE}=5$ cm

19 원에 외접하는 사각형

1 답 (1) 6 (2) 11 (3) 12 (4) 5

2 답 (1) 5 (2) 6 (3) 8 (4) 6

3 답 (1) 36 (2) 48 (3) 26 (4) 34

4 답 8

$\overline{AB}+\overline{CD}=\overline{AD}+\overline{BC}$이므로

$7+6=x+8$

$\therefore x=5$

$\overline{BQ}=\overline{CQ}$이므로 $\overline{BQ}=\frac{1}{2}\overline{BC}=\frac{1}{2}\times 8=4(\text{cm})$

$\therefore \overline{BP}=\overline{BQ}=4\,\text{cm}$

따라서 $\overline{AP}=7-4=3(\text{cm})$이므로

$y=3$

$\therefore x+y=5+3=8$

5 답 5

$\overline{AB}+\overline{CD}=\overline{AD}+\overline{BC}$이므로

$(x+6)+(x+4)=x+(2x+5)$

$2x+10=3x+5$

$\therefore x=5$

20 원주각과 중심각의 크기

1 답 (1) 49° (2) 60° (3) 40° (4) 35° (5) 55°

2 답 (1) 100° (2) 115° (3) 140° (4) 60°

3 답 (1) 100° (2) 140° (3) 90° (4) 80° (5) 130°

4 답 $\angle x=95°$, $\angle y=170°$

$\angle y=2\angle AQB=2\times 85°=170°$

$\angle AOB$(큰 각)$=360°-\angle y=360°-170°=190°$이므로

$\angle x=\frac{1}{2}\angle AOB$(큰 각)$=\frac{1}{2}\times 190°=95°$

5 답 48°

$\angle AOB=2\angle APB=2\times 42°=84°$

$\triangle OAB$는 $\overline{OA}=\overline{OB}$인 이등변삼각형이므로

$\angle x=\frac{1}{2}\times(180°-84°)=48°$

21 원주각의 성질

1 답 (1) 50° (2) 48° (3) 45°, 38° (4) 40°, 30°

2 답 (1) 60° (2) 65° (3) 34° (4) 27°

3 답 (1) $\angle x=42°$, $\angle y=92°$

(2) $\angle x=50°$, $\angle y=85°$

(3) $\angle x=40°$, $\angle y=50°$

(4) $\angle x=55°$, $\angle y=35°$

4 답 120°

$\angle x=\angle AQB=40°$

$\angle y=2\angle x=2\times 40°=80°$

$\therefore \angle x+\angle y=40°+80°=120°$

5 답 33°

$\angle BCD=\angle BAD=48°$

$\overline{AB}$는 원 O의 지름이므로

$\angle ACB=90°$

$\therefore \angle ACP=90°-\angle BCD=90°-48°=42°$

따라서 $\triangle ACP$에서

$\angle x+42°=75°$ $\therefore \angle x=33°$

22 원주각의 크기와 호의 길이

1 답 (1) 35 (2) 40 (3) 42 (4) 5 (5) 4

2 답 (1) 60 (2) 75 (3) 80 (4) 12 (5) 18

3 답 (1) 45 (2) 60 (3) 4π (4) 14π

4 답 70°

$\widehat{BC}=\widehat{CD}$이므로

$\angle BAC=\angle DAC=20°$

$\triangle ABC$에서 $\angle ACB=90°$이므로

$\angle ABC=180°-(90°+20°)=70°$

5 답 (1) 80° (2) 40°

(1) $\angle B=180°\times\frac{4}{2+3+4}=80°$

(2) $\angle C=180°\times\frac{2}{2+3+4}=40°$

23 네 점이 한 원 위에 있을 조건 - 원주각

1 답 (1) × (2) ○ (3) ○ (4) ×

2 답 (1) $36°$ (2) $42°$ (3) $70°$ (4) $103°$
(5) $85°$ (6) $95°$ (7) $75°$ (8) $65°$

3 답 $20°$
네 점 A, B, C, D가 한 원 위에 있으므로
$\angle BDC=\angle BAC=40°$
따라서 $\triangle BCD$에서
$\angle x=180°-(40°+120°)=20°$

4 답 $\angle x=50°$, $\angle y=30°$
네 점 A, B, C, D가 한 원 위에 있으므로
$\angle y=\angle ADB=30°$
따라서 $\triangle APC$에서
$\angle x+30°=80°$
$\therefore \angle x=50°$

24 원에 내접하는 사각형의 성질

1 답 (1) $\angle x=110°$, $\angle y=80°$
(2) $\angle x=95°$, $\angle y=80°$
(3) $\angle x=115°$, $\angle y=75°$
(4) $\angle x=110°$, $\angle y=90°$

2 답 (1) $80°$ (2) $110°$ (3) $120°$ (4) $115°$

3 답 (1) $\angle x=100°$, $\angle y=80°$
(2) $\angle x=80°$, $\angle y=100°$
(3) $\angle x=85°$, $\angle y=85°$
(4) $\angle x=95°$, $\angle y=95°$

4 답 $2°$
□ABCD가 원에 내접하므로
$\angle x=\angle DCE=88°$
또 $\angle B+\angle D=180°$이므로
$\angle y+94°=180°$
$\therefore \angle y=86°$
$\therefore \angle x-\angle y=88°-86°=2°$

5 답 $63°$
$\angle BAD=\frac{1}{2}\angle BOD=\frac{1}{2}\times 126°=63°$
이때 □ABCD가 원에 내접하므로
$\angle DCE=\angle BAD=63°$

25 사각형이 원에 내접하기 위한 조건

1 답 (1) ○ (2) × (3) × (4) ○ (5) × (6) ○

2 답 (1) $105°$ (2) $80°$ (3) $80°$ (4) $65°$ (5) $110°$ (6) $45°$

3 답 $\angle x=100°$, $\angle y=110°$
□ABCD가 원에 내접하려면
$\angle y=\angle A$이어야 하므로 $\angle y=110°$
또 $\angle B+\angle D=180°$이어야 하므로
$\angle x+80°=180°$ $\therefore \angle x=100°$

4 답 ㄴ, ㄹ, ㅁ
ㄱ. $\angle A+\angle C=115°+60°=175°\neq 180°$이므로
□ABCD는 원에 내접하지 않는다.
ㄴ. $\triangle ABC$에서 $\angle B=180°-(53°+55°)=72°$이므로
$\angle B+\angle D=72°+108°=180°$
즉, □ABCD는 원에 내접한다.
ㄷ. $\angle A\neq\angle DCE$이므로 □ABCD는 원에 내접하지 않는다.
ㄹ. $\angle BAD=180°-80°=100°$
즉, $\angle BAD=\angle DCF$이므로 □ABCD는 원에 내접한다.
ㅁ. $\triangle EBC$에서 $\angle EBC=85°-30°=55°$
즉, $\angle DAC=\angle DBC$이므로 □ABCD는 원에 내접한다.
따라서 □ABCD가 원에 내접하는 것은 ㄴ, ㄹ, ㅁ이다.

26 원의 접선과 현이 이루는 각

1 답 (1) $60°$ (2) $35°$ (3) $102°$ (4) $85°$

2 답 (1) $35°$ (2) $55°$ (3) $40°$ (4) $65°$

3 답 (1) $80°$ (2) $55°$

4 답 115°

$\overleftrightarrow{TT'}$은 원의 접선이므로

$\angle x=\angle CAT=50°$,

$\angle y=\angle ACB=65°$

$\therefore \angle x+\angle y=50°+65°=115°$

5 답 85°

$\overleftrightarrow{PQ}$는 원의 접선이므로

$\angle CAD=\angle CDP=50°$

$\triangle CDA$에서 $\angle CDA=180°-(35°+50°)=95°$

이때 $\square ABCD$가 원에 내접하므로

$\angle B+\angle CDA=180°$

$\therefore \angle B=180°-95°=85°$

6 답 30°

$\overleftrightarrow{PT}$는 원 O의 접선이므로

$\angle ABP=\angle APT=60°$

$\overline{AB}$는 원 O의 지름이므로 $\angle BPA=90°$

$\therefore \angle BPC=180°-(90°+60°)=30°$

$\triangle BCP$에서 $\angle BCP+\angle BPC=\angle ABP$이므로

$\angle x+30°=60°$ $\therefore \angle x=30°$

27 대푯값

1 답 (1) 4 (2) 5 (3) 7 (4) 5 (5) 4 (6) 6

2 답 (1) 5 (2) 8 (3) 5 (4) 6 (5) 7 (6) 14

3 답 (1) 3 (2) 2, 4 (3) 없다. (4) 1, 3, 9
(5) 노랑, 파랑 (6) 라면

4 답 평균: 25 ℃, 중앙값: 25 ℃, 최빈값: 22 ℃

$(\text{평균})=\dfrac{24+22+29+25+26+27+22}{7}$

$=\dfrac{175}{7}=25(℃)$

변량을 작은 값부터 크기순으로 나열하면

22 ℃, 22 ℃, 24 ℃, 25 ℃, 26 ℃, 27 ℃, 29 ℃

이므로 중앙값은 $\dfrac{7+1}{2}=4$(번째) 변량인 25 ℃이다.

또 22 ℃가 두 번으로 가장 많이 나타나므로

최빈값은 22 ℃이다.

5 답 평균: 16.5시간, 중앙값: 15시간, 최빈값: 15시간

$(\text{평균})=\dfrac{6+8+10+11+15+15+20+22+24+34}{10}$

$=\dfrac{165}{10}=16.5(\text{시간})$

변량을 작은 값부터 크기순으로 나열하면

6시간, 8시간, 10시간, 11시간, 15시간,

15시간, 20시간, 22시간, 24시간, 34시간

이므로 중앙값은 $\dfrac{10}{2}=5$(번째)와 $\dfrac{10}{2}+1=6$(번째) 변량인

15와 15의 평균이다.

$\therefore (\text{중앙값})=\dfrac{15+15}{2}=15(\text{시간})$

또 15시간이 두 번으로 가장 많이 나타나므로

최빈값은 15시간이다.

28 대푯값의 응용

1 답 (1) 7 (2) 4 (3) 5 (4) 33

2 답 (1) 8 (2) 8 (3) 11 (4) 22

3 답 (1) 1 (2) 5

4 답 (1) 7개 (2) 5개 (3) 없다. (4) 중앙값

5 답 12

x의 값에 관계없이 9개가 가장 많이 나타나므로 주어진 자료의 최빈값은 9개이다.

따라서 주어진 자료의 평균이 9개이므로

$\dfrac{10+9+x+11+9+7+9+5}{8}=9$

$60+x=72$

$\therefore x=12$

6 답 8

중앙값이 7개이므로 변량을 작은 값부터 크기순으로 나열하면

5개, 6개, x개, 9개이다.

따라서 $\dfrac{6+x}{2}=7$이므로

$6+x=14$

$\therefore x=8$

29 산포도(1) - 편차

1 답 (1)

변량	5	6	7	8	9
편차	-2	-1	0	1	2

(2)

변량	1	2	9	5	8
편차	-4	-3	4	0	3

(3)

변량	8	11	14	9	13	17
편차	-4	-1	2	-3	1	5

(4)

변량	6	9	12	10	14	15
편차	-5	-2	1	-1	3	4

(5)

변량	10	6	14	8	0
편차	1	-3	5	-1	-9

(6)

변량	14	8	12	11	5
편차	4	-2	2	1	-5

2 답 (1) 8시간
(2) -2시간, 0시간, 1시간, -1시간, 2시간

3 답 (1) 7점
(2) 1점, 0점, -1점, 2점, -2점

4 답 (1) 2 (2) -4
(3) 0 (4) -2

5 답 ⑤
편차의 총합은 항상 0이므로
$3+(-1)+a+(-4)+b=0$
$a+b-2=0$
$\therefore a+b=2$

6 답 ②
3회의 음악 시험 점수의 편차를 x점이라 하면
편차의 총합은 항상 0이므로
$4+(-1)+x+2=0$
$x+5=0$
$\therefore x=-5$
이때 1회부터 4회까지의 점수의 평균이 85점이고, 3회의 음악 시험 점수의 편차는 -5점이므로 3회의 음악 시험 점수는
$-5+85=80$(점)

30 산포도(2) - 분산과 표준편차

1 답 (1)

❶ 평균 구하기	$(\text{평균})=\frac{4+2+5+6+3}{5}=\frac{20}{5}=4$
❷ 각 변량의 편차 구하기	$0,\ -2,\ 1,\ 2,\ -1$
❸ $(\text{편차})^2$의 총합 구하기	$0^2+(-2)^2+1^2+2^2+(-1)^2=10$
❹ 분산 구하기	$(\text{분산})=\frac{10}{5}=2$
❺ 표준편차 구하기	$(\text{표준편차})=\sqrt{2}$

(2)

❶ 평균 구하기	$(\text{평균})=\frac{5+2+11+9+8}{5}=\frac{35}{5}=7$
❷ 각 변량의 편차 구하기	$-2,\ -5,\ 4,\ 2,\ 1$
❸ $(\text{편차})^2$의 총합 구하기	$(-2)^2+(-5)^2+4^2+2^2+1^2=50$
❹ 분산 구하기	$(\text{분산})=\frac{50}{5}=10$
❺ 표준편차 구하기	$(\text{표준편차})=\sqrt{10}$

(3)

❶ 평균 구하기	$(\text{평균})=\frac{3+6+2+7+4+8}{6}=\frac{30}{6}=5$
❷ 각 변량의 편차 구하기	$-2,\ 1,\ -3,\ 2,\ -1,\ 3$
❸ $(\text{편차})^2$의 총합 구하기	$(-2)^2+1^2+(-3)^2+2^2+(-1)^2+3^2$ $=28$
❹ 분산 구하기	$(\text{분산})=\frac{28}{6}=\frac{14}{3}$
❺ 표준편차 구하기	$(\text{표준편차})=\frac{\sqrt{42}}{3}$

(4)

❶ 평균 구하기	$(\text{평균})=\frac{12+13+11+10+17+15}{6}$ $=\frac{78}{6}=13$
❷ 각 변량의 편차 구하기	$-1,\ 0,\ -2,\ -3,\ 4,\ 2$
❸ $(\text{편차})^2$의 총합 구하기	$(-1)^2+0^2+(-2)^2+(-3)^2+4^2+2^2$ $=34$
❹ 분산 구하기	$(\text{분산})=\frac{34}{6}=\frac{17}{3}$
❺ 표준편차 구하기	$(\text{표준편차})=\frac{\sqrt{51}}{3}$

2 답 (1) 20 (2) 4 (3) 2

3 답 (1) 40 (2) 8 (3) $2\sqrt{2}$

4 답 ④

$(\text{평균})=\frac{5+7+9+4+5}{5}=\frac{30}{5}=6(\text{회})$

이때 각 도서관 방문 횟수의 편차는

-1회, 1회, 3회, -2회, -1회

$\therefore (\text{분산})=\frac{(-1)^2+1^2+3^2+(-2)^2+(-1)^2}{5}$

$=\frac{16}{5}=3.2$

$\therefore (\text{표준편차})=\sqrt{3.2}(\text{회})$

5 답 분산: $\frac{16}{3}$, 표준편차: $\frac{4\sqrt{3}}{3}$개

평균이 6개이므로

$\frac{4+5+7+10+7+x}{6}=6$

$33+x=36 \quad \therefore x=3$

이때 각 안타 수의 편차는

-2개, -1개, 1개, 4개, 1개, -3개

$\therefore (\text{분산})=\frac{(-2)^2+(-1)^2+1^2+4^2+1^2+(-3)^2}{6}$

$=\frac{32}{6}=\frac{16}{3}$

$\therefore (\text{표준편차})=\sqrt{\frac{16}{3}}=\frac{4\sqrt{3}}{3}(\text{개})$

31 산점도

1 답

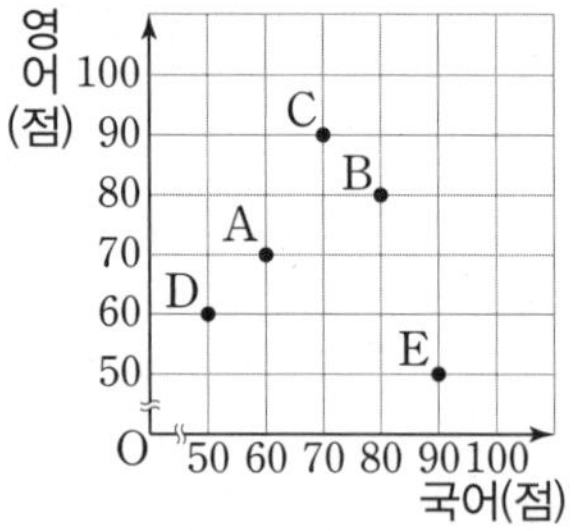

2 답

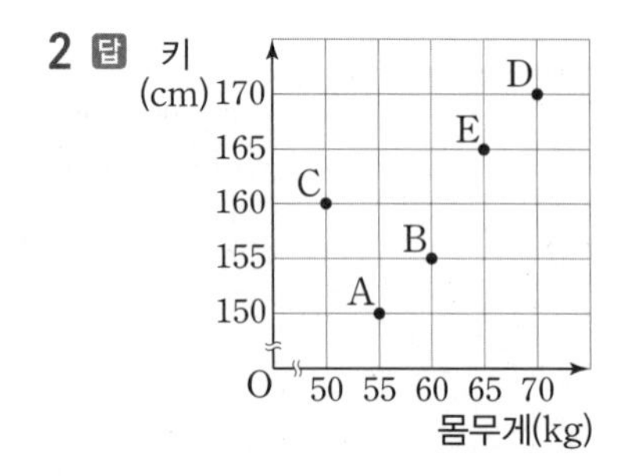

3 답 (1) 7명 (2) 6명 (3) 5명 (4) 7명

4 답 (1) 60개 (2) 3명 (3) 7명 (4) 3명

(1) 토요일에 보낸 메시지의 수가 가장 적은 학생의 메시지의 수는 20개이고, 이 학생이 일요일에 보낸 메시지의 수는 60개이다.

(2) 토요일과 일요일에 보낸 메시지의 수가 같은 학생을 나타내는 점은 오른쪽 그림에서 대각선 위의 점이므로 3개이다.
따라서 구하는 학생 수는 3명이다.

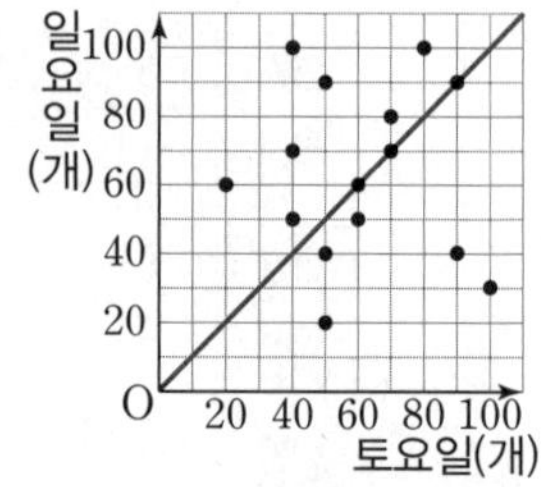

(3) 토요일보다 일요일에 보낸 메시지의 수가 더 많은 학생을 나타내는 점은 오른쪽 그림에서 색칠한 부분(경계선 제외)에 속하는 점이므로 7개이다.
따라서 구하는 학생 수는 7명이다.

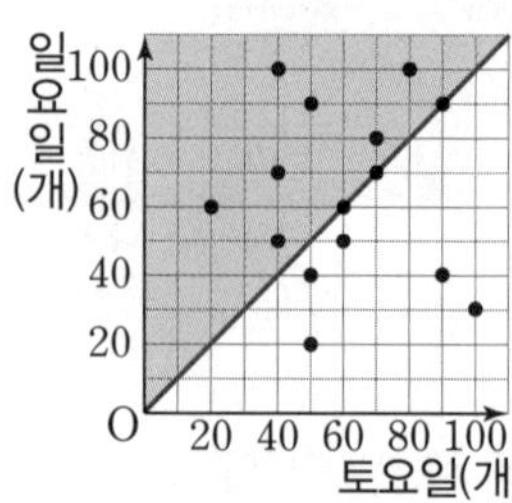

(4) 토요일에 보낸 메시지의 수가 60개 이상이고 일요일에 보낸 메시지의 수가 70개 이상 90개 이하인 학생을 나타내는 점은 오른쪽 그림에서 색칠한 부분(경계선 포함)에 속하는 점이므로 3개이다.
따라서 구하는 학생 수는 3명이다.

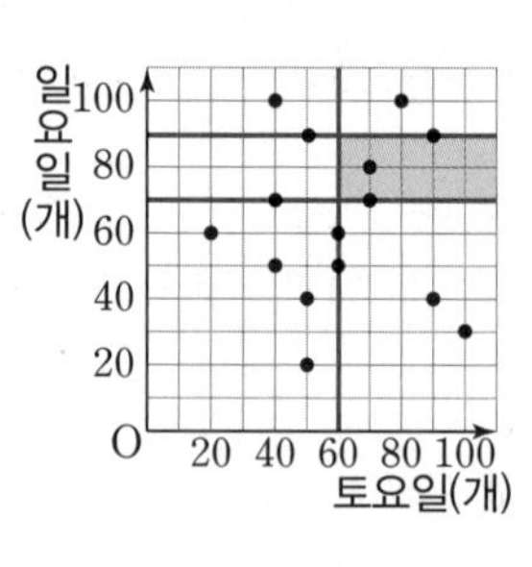

5 답 (1) 8명 (2) 6명 (3) 5명 (4) 40%

(1) 영어 듣기 점수가 80점 이상인 학생을 나타내는 점은 오른쪽 그림에서 색칠한 부분(경계선 포함)에 속하는 점이므로 8개이다.
따라서 구하는 학생 수는 8명이다.

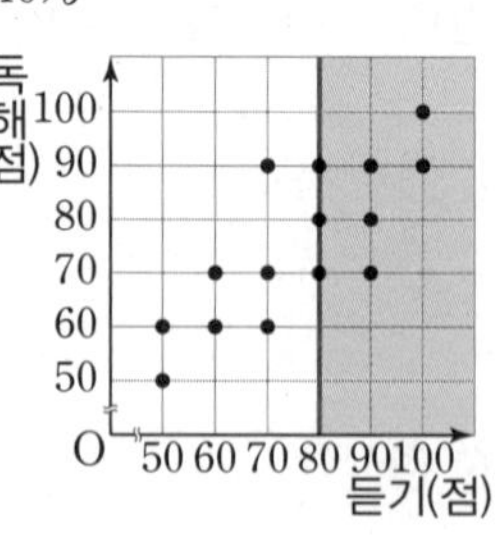

(2) 영어 듣기 점수와 영어 독해 점수가 모두 70점 이하인 학생을 나타내는 점은 오른쪽 그림에서 색칠한 부분(경계선 포함)에 속하는 점이므로 6개이다.
따라서 구하는 학생 수는 6명이다.

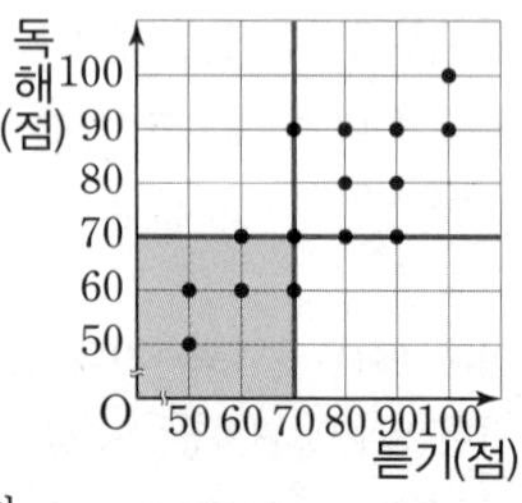

(3) 영어 듣기 점수가 영어 독해 점수보다 높은 학생을 나타내는 점은 오른쪽 그림에서 색칠한 부분(경계선 제외)에 속하는 점이므로 5개이다.
따라서 구하는 학생 수는 5명이다.

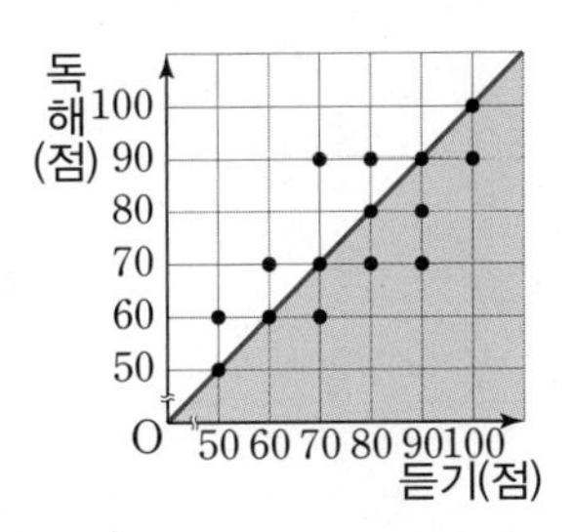

(4) 영어 듣기 점수와 영어 독해 점수가 같은 학생을 나타내는 점은 오른쪽 그림에서 대각선 위의 점이므로 6개이다.
따라서 영어 듣기 점수와 영어 독해 점수가 같은 학생은 6명이므로 전체의
$\frac{6}{15} \times 100 = 40(\%)$

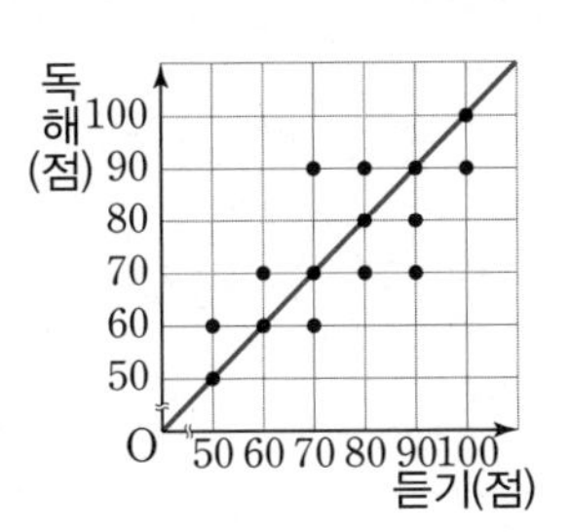

32 상관관계

1 답 (1) ㄱ, ㅁ (2) ㄴ, ㅂ (3) ㄴ (4) ㅁ (5) ㄷ, ㄹ

2 답 (1) 양 (2) 무 (3) 음 (4) 음 (5) 무 (6) 양

3 답 ②, ④
① 상관관계가 없다.
②, ④ 음의 상관관계
③, ⑤ 양의 상관관계
이때 주어진 산점도는 음의 상관관계를 나타내므로 주어진 그림과 같은 모양이 되는 것은 ②, ④이다.

4 답 ①
학습 시간에 비해 성적이 가장 좋은 학생은 오른쪽 그림에서 대각선의 위쪽에 해당하는 점에 해당하는 학생 A, C 중 대각선에서 더 멀리 떨어진 학생 A이다.

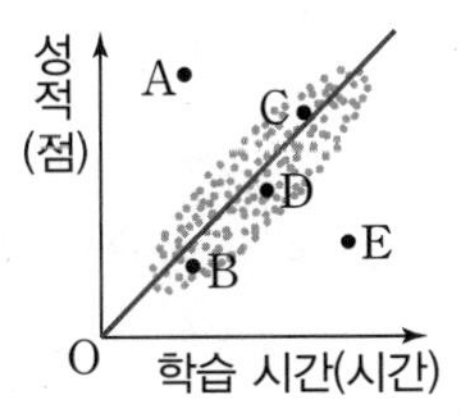

5 답 ④, ⑤
④ 5명의 학생 A, B, C, D, E 중 키에 비해 몸무게가 가장 적게 나가는 학생은 E이다.
⑤ 5명의 학생 A, B, C, D, E 중 키도 크고 몸무게도 많이 나가는 학생은 B이다.

memo